高应力沿空掘巷切顶卸压围岩变形机制及控制研究

戚福周　著

黄河水利出版社
·郑州·

图书在版编目(CIP)数据

高应力沿空掘巷切顶卸压围岩变形机制及控制研究/
戚福周著. —郑州:黄河水利出版社,2024.4
ISBN 978-7-5509-3868-7

Ⅰ.①高… Ⅱ.①戚… Ⅲ.①沿空巷道-巷道围岩-围岩控制-研究②煤矿-巷道围岩-研究 Ⅳ.①TD263

中国国家版本馆 CIP 数据核字(2024)第 082371 号

组稿编辑:王志宽　电话:0371-66024331　E-mail:278773941@qq.com

责任编辑　冯俊娜　　责任校对　高军彦
封面设计　张心怡　　责任监制　常红昕
出版发行　黄河水利出版社
地址:河南省郑州市顺河路 49 号　邮政编码:450003
网址:www.yrcp.com　E-mail:hhslcbs@126.com
发行部电话:0371-66020550
承印单位　河南新华印刷集团有限公司
开　　本　787 mm×1 092 mm　1/16
印　　张　8.75
字　　数　202 千字
版次印次　2024 年 4 月第 1 版　　2024 年 4 月第 1 次印刷

定　　价　68.00 元

前　言

近年来,煤炭资源开采深度和强度不断加大,沿空掘巷面临着高应力、强采动和复杂地质环境的诸多挑战,导致矿压显现剧烈、冲击灾害及巷道围岩严重变形等,制约着煤炭资源的安全高效开采。现有的巷道围岩破坏机制及相应理论与控制技术并不能很好地解决深部沿空掘巷围岩失稳难题,深入开展有针对性的研究工作已成为刻不容缓的任务。高应力沿空掘巷切顶卸压围岩变形机制及控制研究,作为解决这一难题、实现煤炭资源开采持续快速发展的重要保障,具有广泛的理论价值和实用意义。本书在国家自然科学基金项目“深部巷道裂隙围岩动力灾害四维支护防控机理研究(5J674250)”、河南省科技攻关项目“深部矿井残采资源精准开采关键控制技术研究(222102320239)”、河南省高等学校重点科研项目“深井厚煤层沿空留巷充填体-围岩协同变形机理及稳定控制研究(23A440009)”等资助下开展研究工作,通过采用室内试验、理论分析、数值模拟、物理模型试验和现场工业性试验等综合研究方法,从巷道顶板结构运动和围岩稳定控制角度出发,对巷道岩体结构破坏过程、顶板覆岩运移特征、围岩顶板预裂卸压机制、煤柱宽度优化设计、巷道应力分布形态及变形效应等问题进行深入研究,提出了以顶板预裂卸压、垮落岩体填充、煤柱宽度设计为核心的高应力沿空掘巷围岩结构稳定控制体系,得到了以下创新研究成果:

(1)获得了煤岩体力学特性参数,揭示了巷道围岩破坏演化过程。巷道顶板浅部岩体破损严重,且多以横向裂隙和岩层错动为主;深部岩体多以纵向裂隙及顶板离层为主。煤层强度低且裂隙发育,煤柱内破裂范围较大,裂隙横向扩展及连通,并发育成断裂破碎带。巷道上方老顶岩层的破断、旋转和下沉,直接影响了巷道两帮的受力形态,导致沿空煤柱帮和实体煤帮破坏范围不同,两帮呈现非对称变形特征。

(2)建立了采空区破碎矸石支撑条件下的高位顶板岩梁力学模型,获得了高位顶板岩层的弯曲变形特征。构建了巷道直接顶变形及煤柱承载力学模型,揭示了岩体回转角、矸石作用阻力、直接顶弹性模量和厚度、巷道宽度及顶板支护强度等多因素耦合影响下巷道顶板的位移演化规律。阐述了塑性区宽度对煤柱稳定性的作用机制,提出了沿空巷道煤柱宽度设计依据。

(3)揭示了顶板预裂对巷道围岩结构的卸压作用机制,提出了优化巷道顶板切顶角度和切顶高度等关键预裂参数的设计方法。通过关键预裂参数分析,切顶角度达到最优设计值时,能够加快采空区顶板沿预裂切顶线的滑落速度,减少侧向悬顶结构长度,降低煤柱侧和实体煤侧顶板承担的覆岩载荷。切顶高度达到最优设计值时,切落岩体能够较好地充填采空区,并对上部岩层形成稳定的承载结构,有效缓解高位顶板岩层垮落失稳对巷道的冲击扰动,达到了对巷道顶板岩层主动卸压的目的。

(4)研究了采空区顶板预裂填充条件下侧向煤岩体应力、能量分布演化特征。分析了不同煤柱宽度时巷道围岩变形演化规律及载荷传递机制。预裂切顶使侧向煤层内的垂直应力和应变能密度峰值向岩体深部转移并在煤壁边缘形成应力卸压区，有效释放了煤体浅部存储的弹性应变能，为沿空掘巷创造有利的应力环境。

(5)采用物理模型试验研究了垮落岩体充填条件下顶板岩层的运移特征及结构破断形态，揭示了岩层离层及裂隙发育与开采扰动的相互作用关系，阐释了顶板岩层运动对掘巷围岩的施载机制，获得了预裂切顶影响下沿空巷道顶板应力分布特征和位移、视电阻率演化规律。

(6)基于理论分析、物理模型试验和数值模拟结果确定的相关设计原则，建立了以顶板预裂卸压、垮落岩体填充、煤柱宽度设计为核心的沿空掘巷围岩变形控制体系并应用于现场工业性试验，获得了良好的变形控制效果，减小了沿空掘巷煤柱宽度，进一步验证了本书研究成果的适应性及可行性。

在本书的撰写过程中，得到了中国矿业大学深部岩土力学与地下工程国家重点实验室深部复杂围岩稳定控制团队的大力支持与指导，在此表示感谢！

由于作者的水平有限，书中难免存在不妥之处，敬请读者批评指正。

作　者

2024 年 1 月

目 录

第1章　绪　论

1.1　研究背景和意义

煤炭是我国经济和社会发展的基础能源和重要原料。《煤炭工业发展"十三五"规划》中指出,煤炭占我国化石能源资源的90%以上,是稳定经济、自主保障程度最高的能源。煤炭在一次能源消费中的比重将逐步降低,但在相当长时期内,主体能源地位不会变化。随着我国经济发展进入新常态,煤炭工业已由过去的粗放式管理转向集约、安全、高效、绿色的现代煤炭工业体系建设。

煤炭资源在回采过程中,相当比例的回采巷道采用保留煤柱的方式进行护巷,由此产生的煤炭损失量巨大,往往达到全矿煤炭损失量的40%。随着开采深度的增加,留设护巷煤柱的宽度不断增大,由于这些煤柱的赋存条件复杂,一般很难进行二次回收,这又造成了煤炭资源浪费和采掘接替紧张的局面。目前,无煤柱护巷技术主要包括沿空掘巷和沿空留巷。沿空掘巷和沿空留巷在巷道布置方式及采动影响下围岩应力分布形态方面具有显著区别。沿空掘巷通常布置在采空区边缘,预留一定宽度的煤柱避开上区段工作面回采产生的剧烈扰动,改善掘巷围岩的应力环境。沿空留巷需要经历上区段工作面和本区段工作面两次回采扰动,在超前采动应力和侧向支承压力的耦合影响下,巷道稳定性控制比较困难。因此,在综放工作面开采中往往选择沿空掘巷的方式布置巷道。

近年来,煤炭资源逐渐进入深部开采阶段,巷道埋深增大、地应力增高且受采动影响强烈,导致巷道在开挖及工作面回采过程中经常发生冒顶、两帮挤压及底臌变形破坏。煤柱内部应力集中和能量大量积聚,增加了煤与瓦斯突出及冲击灾害发生的风险,严重制约着煤炭资源的安全高效开采。目前,单纯依靠采用提高巷道支护强度及常规的应力卸压技术很难取得较好的围岩变形控制效果,进而影响了工作面的回采效率。

针对高应力沿空掘巷围岩稳定控制面临的难题,本书从巷道顶板结构运动及围岩稳定控制角度入手,对巷道岩体结构灾变机制,顶板覆岩运移特征、围岩顶板预裂卸压机制、煤柱宽度优化设计、巷道应力分布形态及变形效应等关键科学问题进行深入研究,构建了以顶板预裂卸压、垮落岩体填充、煤柱宽度设计为核心的高应力沿空掘巷围岩结构稳定控制体系,实现了煤炭资源的安全高效可持续化开采。本书所取得的创新研究成果不仅在山西潞安矿区显示出明显的经济效益和社会效益,而且对全国其他矿区也有着重要的借鉴意义和推广价值。

1.2 沿空掘巷国内外研究现状

1.2.1 沿空掘巷覆岩结构及破断规律研究

国内外学者对沿空巷道上覆岩层运动特征进行了大量研究,并形成了一系列的相关理论和假说。具有代表性的包括,1916 年,德国学者 K. Stoke 提出了悬臂梁假说,该学说认为,工作面和采空区上方的顶板可视为梁,它一端固定于岩体内,另一端则处于悬伸状态。1928 年,德国学者 G. Giuitzer 和 W. Hack 提出了压力拱学说,该学说认为工作面回采过后上覆岩层垮落而达到平衡形成压力拱。20 世纪 50 年代初,比利时学者 A. Labasse 提出了预成裂隙假说,该学说揭示了顶板岩层在侧向支承压力作用下产生裂隙,随工作面推进,顶板岩层分为应力降低区、应力升高区和采动影响区。1954 年,苏联学者 T. H. 库兹涅佐夫提出了铰接岩梁假说,该学说阐释了裂隙带和冒落带两部分岩层的运动过程,并从控制顶板的角度出发,揭示了支架载荷的来源及顶板下沉量与岩层运动的关系。20 世纪 60 年代,中国矿业大学钱鸣高院士提出了砌体梁假说,并在此基础上建立了采场岩体裂隙带的"砌体梁"理论;随着该理论的不断完善,20 世纪 90 年代,钱鸣高院士和朱德仁教授提出了关键层理论,该理论解释了工作面回采后上覆岩层的破断形态,明确了采场边界适用条件。20 世纪 60 年代,山东科技大学宋振骐院士提出了传递岩梁假说,该学说明确了"矿山压力"与"矿山压力显现"两个基本概念间的区别与联系,提出了以"限定变形"和"给定变形"为基础的位态方程。

由于国外厚煤层综放开采技术应用甚少,其对于综放沿空巷道上覆岩层活动规律的研究相对较少。随着国内学者对顶板结构破断特征及活动规律认识的不断深入,在上述顶板覆岩运动假说的指导下,众多学者对沿空掘巷的矿压显现特征及应力演化规律进行了深入分析,取得了大量的研究成果。

李学华等提出了综放沿空掘巷围岩"大、小结构"的观点,建立了以基本顶岩层为主体的力学结构模型,分析了大结构的稳定性;探讨了巷道围岩的应力分布规律和影响围岩变形的力学机制,并指出大结构的稳定性决定了围岩小结构的破坏状态,小结构的破坏会加剧大结构的失稳力度。

朱德仁等提出了长壁工作面端头顶板可能形成"三角形悬板"结构的观点,建立了采场顶板结构力学模型,分析了沿空掘巷顶板矿压显现规律与采场老顶的关系。

柏建彪等建立了沿空掘巷基本顶弧形三角块结构力学模型,计算分析三角块结构在掘巷前稳定状态、掘巷期间的扰动、掘巷后的稳定、采动期间的稳定系数。从理论上分析了综放沿空掘巷外部围岩的稳定条件,认为支承压力、巷道埋深、开采厚度、围岩力学性质及采动应力是影响基本顶弧形三角块稳定的主要因素。

王卫军等在分析了综放沿空巷道底板力学环境的基础上,建立了底板力学模型。运用弹性理论研究了巷道大范围底臌的应力和位移分布规律,并指出底板岩层的受拉破坏、高支承压力区底板岩层破碎后的塑性流动和巷道实体煤帮的下沉是产生底臌的主要因素。

何廷峻等通过建立悬顶岩梁力学模型,研究了老顶在工作面端头形成的三角形悬顶对沿空巷道围岩稳定性的影响规律,并基于力学模型,成功预测了三角形悬顶在沿空掘巷中的破断位置和时间,为确定滞后加固沿空巷道的时间和长度提供了理论依据。

张东升等通过研究老顶的破断位置将覆岩断裂结构划分为4种基本形式,并建立相应状态下的结构力学模型,分析了各种破断形式对煤柱稳定性的影响规律,并对沿空巷道围岩控制提出了相应措施。

孟金锁等在分析综放开采工艺特点的基础上,提出了综放"原位"沿空掘巷的概念,即在上区段原废弃巷道位置开挖为下区段工作面服务的巷道。他认为"原位"沿空掘巷可以最大限度地减少综放工作面两巷的煤炭损失量,其位置处于悬臂平衡岩梁保护之下的免压区内,掘进、采放的人为扰动对巷道的影响较小,因而巷道受力、变形亦较小。

以上相关矿山理论和假说的发展对于促进沿空巷道覆岩结构运动特征和破断规律的理解起到积极作用,并在具体实践中进一步得到验证、优化和完善。但是,沿空掘巷侧向顶板预裂切顶改变了岩层破断形式,覆岩结构运动特征和破断规律与常规条件下沿空巷道覆岩活动规律具有较大差别,而针对此条件下沿空掘巷覆岩结构运动特征的研究相对缺乏。因此,针对预裂切顶条件下顶板岩层运动规律的研究需要在现有研究成果的基础上,结合沿空掘巷切顶的特殊性进一步展开详细研究。

1.2.2 沿空掘巷煤柱合理宽度研究

沿空巷道煤柱宽度与围岩稳定性关系密切,如果煤柱宽度较窄,不能承受上覆岩层载荷及采动期间的压力,其不仅在巷道开挖时会产生大量变形,而且在采动过程中煤柱持续受到动静载的组合作用,并在较长时间内围岩继续产生变形,直至煤柱失去稳定性。因此,国内外学者在沿空巷道煤柱稳定性方面进行了大量研究工作,并取得了众多成果。

美国作为主要产煤大国,也是最早对护巷煤柱尺寸进行研究的国家。为了提高煤炭资源回收率,20世纪60年代美国就开始研究沿空煤柱尺寸的合理性,并指出煤柱的承载强度受煤柱尺寸、围岩压力、结构及动态载荷的控制。

英国采用A. H. 威尔逊煤柱设计公式确定护巷煤柱的尺寸。该公式建立了煤柱两区约束(渐进破坏)理论,通过试验方法确定了煤柱塑性区宽度,给出了三向应力状态下煤体的极限强度简化计算式,在此基础上推导出煤柱承载能力的设计公式。

澳大利亚采用条带式预留煤柱的方式回采煤炭资源,研究了采宽与预留煤柱宽度之间的比例问题。苏联乌日洛夫煤矿通过南非尔岗煤田现场观测发现最大支承压力位于煤体边缘10 m处,并得出在支承压力最大影响带(4~6 m)内,巷道将产生较大变形和岩体失稳。

20世纪50年代开始,我国在多个矿区对薄及中厚煤层沿空掘巷开展了相关研究。峰峰四矿首次在倾斜厚煤层的分层顶层和分层底层中成功试掘沿空回风顺槽。峰峰矿、石嘴山二矿、西山杜尔坪矿、阳泉矿区、淮南谢一矿开始试验沿空掘巷开采工艺。

我国在20世纪70年代以后逐渐加大对沿空掘巷开采技术的重视,进行了大量的现场监测、室内试验和理论推导,极大地促进了沿空掘巷理论和技术的发展。

20世纪80年代,吴绍倩等通过对采场沿空煤柱侧向支承压力分布规律的研究,提出了沿空掘巷无煤柱护巷技术,并将该技术在矿井中进行推广应用。

柏建彪等研究了不同煤层条件下沿空掘巷围岩变形规律及煤柱留设宽度,指出锚杆支护强度对煤柱稳定性的作用随煤层力学性质及煤柱宽度而变化,提高锚杆支护强度对软煤煤柱稳定性的作用显著大于对中硬煤煤柱稳定性的作用。

刘金海等采用微震监测、应力动态监测和理论推导等方法研究深井特厚煤层综放工作面侧向支承压力分布特征,运用工程类比、数值模拟等方法得到了工作面侧向煤体不完整区域范围,确定了工作面区段煤柱的合理宽度。

王卫军等建立综放沿空巷道顶煤力学模型,应用能量原理对老顶给定变形下顶煤的变形规律进行了初步分析,并对顶板下沉量与支护阻力、煤体弹性模量及沿空煤柱宽度之间的关系进行了探讨。

王红胜等建立了煤柱帮载荷计算公式,采用UDEC模拟了沿空巷道侧向基本顶4种断裂结构形式,分析了基本顶不同破断位置下煤柱帮力学响应特征。

荆升国等运用关键层理论分析了两侧极不充分采动条件下关键层效应对巷道围岩稳定性的影响,并通过数值模拟分析了煤层硬度、老顶断裂位置、护巷煤柱尺寸及孤岛工作面开采顺序等因素对综放沿空掘巷顶板垂直应力分布和围岩变形特征的影响。

涂敏运用弹性地基及薄板理论建立了沿空掘巷顶板运动的力学模型,并用该模型分析了顶板的挠曲运动和内、外应力场,认为沿空掘巷合理位置应位于断裂顶板平衡岩梁保护之下的内应力场区。

马占国等通过建立沿空掘巷围岩结构力学模型,分析了巷道稳定性与影响因素间的相互关系,揭示了综放沿空掘巷围岩变形控制机制。研究发现:对小煤柱侧进行注浆加固,可以在上覆岩层形成超静定悬臂梁结构的条件下,使顶板断裂线位置从实体煤帮向采空区侧移动,有利于减小煤柱载荷,提高巷道稳定性。

杨永杰等针对顺槽具体地质条件采用理论分析、数值计算和工程实践三方面相结合的手段,在分析了煤柱宽度范围的基础上确定了采动影响下护巷煤柱宽度的最小尺寸。

综上所述,沿空掘巷煤柱合理宽度确定受到很多因素的影响,至今国内外学者还在对其进行大量的研究。目前为止,尚未有任何完整的研究方法可以将所有影响因素考虑进去,从而确定一种通用的煤柱宽度设计方法。针对高应力沿空掘巷煤柱合理宽度确定,本书通过实施切顶卸压技术控制巷道顶板结构运动,优化围岩应力分布,如图1-1所示。同时,切落的破断岩体不但可以充填采空区而且能够支撑上覆岩层,降低煤柱承担的覆岩载荷,这对于提高煤柱承载力、优化煤柱宽度设计具有重要意义。因此,需要结合地质条件,进一步揭示切顶参量变化对煤柱稳定性控制的作用机制,为预裂切顶沿空掘巷煤柱宽度确定提供依据。

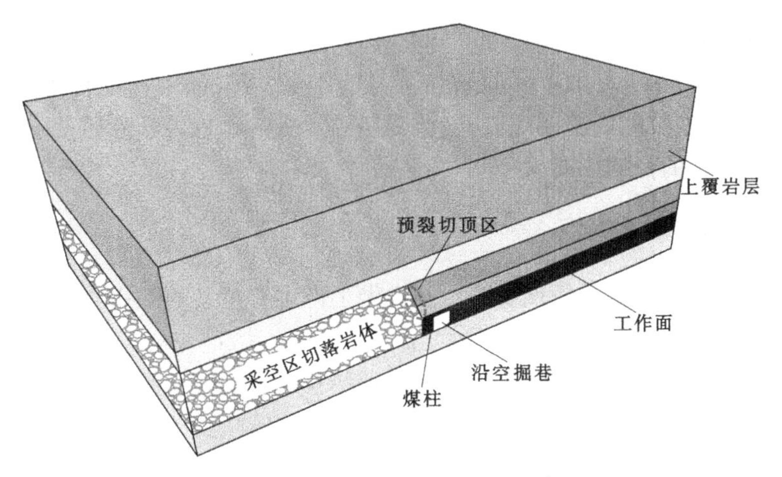

图1-1　切顶卸压沿空掘巷示意

1.3　顶板预裂卸压技术发展现状

1.3.1　概述

预裂卸压是采用人工干预方式改变岩体结构,实现应力卸压的目的。常规的卸压技术主要包括爆破切顶和水力压裂。坚硬顶板强度高、完整性好,工作面回采过程中岩层不容易发生破断。上区段工作面回采后,沿空巷道侧向坚硬顶板岩层往往并未完全垮落,形成悬顶结构并作用于煤柱上方。由于悬顶结构的存在,沿空煤柱附近易形成应力增高区,不利于巷道围岩的稳定。此外,悬顶结构的破断、旋转和下沉将对巷道产生动载扰动,导致煤柱突然失稳或者诱导大量瓦斯释放,容易引发安全事故。

针对沿空巷道坚硬顶板岩层强度高、难冒落的问题,可采取对顶板进行弱化处理的方法,改变岩体结构连接形态,减小悬顶长度及面积,改善巷道顶板应力分布形式,达到缓解应力集中和减小巷道围岩变形的目的。目前,国内外针对坚硬顶板弱化处理方式采取以下几种措施。

(1)爆破强制放顶。

爆破强制放顶是按照工作面顶板矿压显现规律,将爆破孔布置在工作面煤壁处斜向采空区后方打孔进行爆破,切断工作面与采空区顶板间的联系,控制顶板冒落长度,降低顶板突然垮落带来的动载效应。

(2)工作面两巷循环爆破放顶。

在回采工作面两顺槽内,沿切顶线边缘按照一定间距向煤层顶板打孔进行循环爆破,在一定范围内形成切缝结构面,弱化岩体结构的完整性,达到控制顶板来压强度的目的。

(3)地面钻孔爆破。

针对一定的矿井地质条件,可在地表布置爆破孔进行爆破切顶。根据地表爆破孔所处位置的不同分为地面爆破强制放顶和地面爆破弱化顶板。

(4)顶板水力压裂。

顶板水力压裂是在工作面或者回采巷道内布置压裂孔,采用特定装备将水从压裂孔压入坚硬顶板内扩展裂隙促使层理分离,改变坚硬顶板的物理力学性质,减小裂缝间的黏结力,达到弱化岩层的目的。

1.3.2 技术发展现状

近年来,国内外学者对顶板预裂卸压技术做了许多有意义的工作,并将研究成果应用到实际工程中。

Konicek 等认为坚硬顶板岩层容易存在悬顶结构,当顶板垮落下沉时,悬顶结构储存的弹性能释放引发动载破坏,可通过对顶板及时爆破卸压减少动力灾害的发生。

戴荣贵指出可以通过采用爆破方式消除顶板岩块之间的铰接作用,加快顶板顺利垮落,消除老顶对回采面的威胁。

朱德仁等认为坚硬顶板条件下,工作面周期性来压时会带来冲击灾害,超前工作面进行松动爆破可降低老顶来压强度。

在围岩结构优化与应力卸压方面,Saiang 等采用数值模拟软件,对浅部硬岩隧道爆破开挖引起的围岩动力损伤效应进行研究。结果表明,围岩表面的应力大小和分布规律与爆破损伤岩体的力学特性有关。

康红普等针对工作面回采过程中巷道易受采动影响,围岩变形剧烈的控制难题,研究了影响顶板水力压裂裂隙扩展的主要因素(岩体弹性模量、水平主应力差和逼近角度),提出了利用水力压裂控制巷道变形的技术,通过实施水力压裂技术,巷道顶、底板和两帮移近量分别降低了 50%和 30%。

赵一鸣等针对深埋巷道厚硬顶板大面积悬顶导致的围岩应力劣化难题,采用数值模拟和现场试验相结合的方法,研究了采空侧悬臂长度与围岩应力分布特征及变形演化规律的关联性,提出了采空侧顶板预裂爆破改善围岩稳定性的控制技术。

王殿录等为了解决高应力软岩巷道长期大变形的问题,通过数值模拟研究了巷道深孔爆破卸压效果,认为深孔爆破可以调整巷道应力环境实现应力卸压,减少围岩变形量,提高巷道支护的可靠性。

杨晓杰等基于短悬臂梁理论,提出了由“强支”到“卸压”控制巷道变形的思路,结合数值模拟和现场试验研究了不同爆破孔间距条件下,顶板裂隙扩展演化规律,并确定了合理的爆破孔间距。

为了消除强冲击矿压给巷道带来的风险,欧阳振华采用爆破卸压技术在巷道顶、底板及煤层中实施分级爆破控制冲击灾害,通过分级爆破卸压减弱了岩体间的应力传递效应,同时侧向应力峰值向深部转移,有效降低了煤岩体中的冲击倾向性,获得了良好的控制效果。

黄炳香等针对工作面回采过程中坚硬顶板巷道经受周期性动、静载组合作用,容易产生大变形和冲击载荷的现象,提出了采用定向水力压裂切断悬顶结构的控制思路。现场应用效果表明:压裂泵流量为 200 L/min 时,单个压裂孔裂隙扩展长度超过 10 m,顶板控制区域超过 30 m,实现了巷道围岩的应力转移。

综上所述,顶板预裂卸压技术是控制围岩结构稳定及应力优化的有效方式。通过调整顶板岩层结构,减弱顶板垮落给巷道围岩带来的动、静载组合作用,降低应力集中对围岩结构的变形效应。但是,有关预裂切顶条件下沿空掘巷围岩变形机制及控制的研究成果相对较少。针对高应力沿空掘巷切顶卸压围岩稳定控制,顶板预裂卸压技术的关键部分是预裂参数的优化设计,不仅要保证预裂巷道顶板的稳定,而且要促进采空区顶板的快速垮落和有效填充。因此,有待进一步深入探究预裂参数变化对沿空掘巷围岩载荷传递机制、位移演化规律及覆岩结构垮落形态的影响机制。

1.4 主要研究内容和技术路线

1.4.1 主要研究内容

针对高应力沿空巷道围岩稳定性控制难题,本书开展了沿空掘巷切顶卸压围岩变形机制及控制课题研究,分析了巷道围岩破坏特征,揭示了顶板预裂对巷道围岩结构的卸压作用机制,阐明了预裂切顶条件下围岩应力、能量传递规律和变形分布形态,优化了沿空掘巷煤柱宽度,提出了以顶板预裂卸压、垮落岩体填充、煤柱宽度设计为核心的高应力沿空掘巷围岩结构稳定控制体系。主要研究内容如下。

(1)巷道围岩力学特性及破坏特征分析。

以高应力沿空掘巷为研究背景,通过围岩力学特性试验,获得煤(岩)体单轴抗压强度、抗拉强度、弹性模量、黏聚力和内摩擦角等特性参数。根据现场试验巷道围岩变形规律及岩体内部结构观测,分析沿空巷道围岩的破坏特征,为理论分析、数值模拟及物理模型试验提供基础数据。

(2)高应力沿空掘巷切顶卸压围岩变形力学分析。

建立采空区破碎矸石支撑条件下的高位顶板岩梁力学模型,获得高位顶板岩层的弯曲变形特征;构建巷道直接顶变形及煤柱承载力学模型,揭示岩体回转角、矸石作用阻力、直接顶弹性模量和厚度、巷道宽度及顶板支护强度等多因素耦合影响下巷道顶板的位移演化规律,阐释塑性区宽度对煤柱稳定性的作用机制,在此基础上确立煤柱宽度的设计依据。

(3)高应力沿空掘巷围岩结构预裂切顶效应研究。

通过采用数值模拟和理论分析等研究方法,揭示顶板预裂对巷道围岩结构的卸压作用机制,探讨预裂切顶对巷道覆岩运移特征、围岩应力形态和变形效应的控制效果,提出优化巷道顶板切顶角度和切顶高度等关键预裂参数的设计方法,对比分析顶板卸压前后围岩稳定性的演化过程。

(4)预裂切顶沿空掘巷围岩变形机制研究。

基于数值模拟及理论分析等研究手段,探讨采空区顶板预裂填充条件下侧向煤岩体应力、能量分布演化特征,分析不同煤柱宽度时巷道围岩变形演化规律及岩体载荷传递机制,揭示工作面回采过程中采动应力与围岩变形效应之间的演化过程。

(5)预裂切顶沿空掘巷来压显现规律及覆岩运动特征。

采用物理模型试验研究采空区岩体碎胀充填条件下各层位顶板岩体协调变形的主导因素,揭示岩层离层及裂隙发育与开采扰动的相互作用关系,阐释顶板岩层运动对掘巷围岩的施载机制,从而掌握预裂切顶影响下沿空巷道围岩的来压显现规律。

(6)预裂切顶沿空掘巷现场应用。

基于理论分析、物理模型试验和数值模拟结果确定的相关设计原则,构建高应力沿空掘巷切顶卸压围岩稳定控制体系并进行现场工业性实践,进一步验证研究成果的可行性及合理性。

1.4.2 技术路线

围绕高应力沿空巷道围岩破坏机制、顶板结构控制与预裂卸压机制、巷道应力分布特征及变形演化规律、煤柱稳定性分析等研究内容,本书采用室内试验、理论分析、模型试验、数值模拟和现场工程实践等相结合的方法展开研究,技术路线如图 1-2 所示。

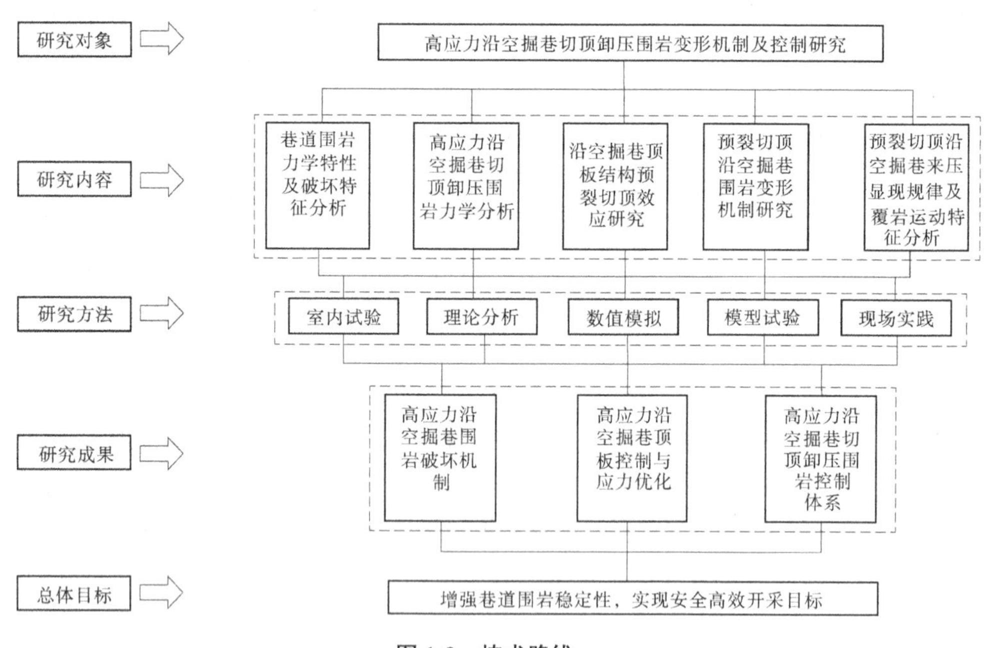

图 1-2 技术路线

1.5 主要创新点

(1)建立了采空区破碎矸石支撑条件下的高位顶板岩梁力学模型,得到了高位顶板岩层的弯曲变形特征:随采空区矸石支撑强度增大,高位顶板岩梁弯矩和挠曲变形降低,高位岩体控制回转下沉的能力增强;构建了巷道顶板变形及煤柱承载力学模型,揭示了多因素耦合影响下巷道顶板的位移演化规律:巷道顶板下沉量随岩体回转角、矸石作用阻力和巷道宽度的增大而增加，随直接顶弹性模量、厚度和顶板支护强度的增大而减少。

(2)揭示了顶板预裂对巷道围岩结构的卸压作用机制，探讨了预裂切顶对巷道覆岩破断特征、围岩应力形态和变形效应的控制效果，确定了顶板预裂切顶的关键控制参数。通过对沿空掘巷侧向顶板预裂切顶，切断巷道与采空区顶板之间的应力传递，卸除侧向顶板破断和旋转变形产生的连带作用，减小高位岩层结构运动对巷道围岩的应力扰动周期。

(3)构建了高应力沿空掘巷切顶卸压物理试验模型，阐明了预裂切顶影响下沿空巷道顶板应力演化的分区特征：在应力卸压区，低位岩层垂直应力快速向高位岩层传递、转移；在应力稳定区，不同层位顶板垂直应力缓慢降低逐渐进入稳定阶段；分析了顶板预裂条件下各层位顶板岩体协调变形的主导因素，阐释了岩层离层及裂隙发育与开采扰动的相互作用关系，再现了岩体破碎体积膨胀特征。

(4)优化了高应力沿空掘巷主动卸压的顶板预裂切顶方法。通过对工作面巷道实施超前预裂爆破切顶，沿巷道轴向形成定向分布的岩层预制裂隙，弱化预裂切顶面两侧顶板岩体的连接强度，减小采空区侧顶板悬臂长度，实现沿空掘巷顶板结构控制与应力卸压。

第2章 巷道围岩力学特性及破坏特征分析

本章首先介绍高应力沿空掘巷工程地质概况，通过煤(岩)体基础力学试验获得围岩力学特性参数；结合现场巷道变形规律及岩体内部结构观测，揭示围岩结构的破坏过程，为理论分析、数值模拟及物理模型试验提供基础数据。

2.1 工程地质概况

试验矿井位于山西潞安矿区，所采8#煤赋存于二叠系山西组地层中下部，为陆相湖泊型沉积。工作面埋深为300 m，煤层平均厚度为4 m，煤层倾角为1°~3°，赋存相对简单，矿井瓦斯含量低。如图2-1所示，8101、8102和8103工作面位于8#采区，8101工作面位于8102工作面的南部，已经回采结束；8102运巷沿8101采空区进行掘巷，目前沿空巷道煤柱宽度为30 m。煤层上部岩层依次为泥岩(厚3.8 m)、粉砂岩(厚7.8 m)、砂质泥岩(厚6.4 m)，煤层下部岩层依次为泥岩(厚4.2 m)、细砂岩(厚6.4 m)、粉砂岩(厚4.5 m)，煤层顶底板岩性特征见表2-1。

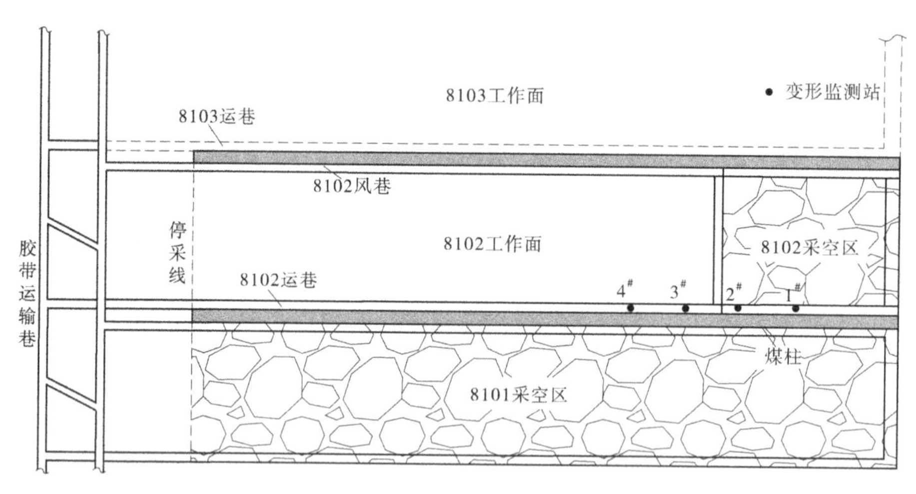

图2-1 工作面和巷道布置

8102运巷沿着煤层底板掘进，巷道宽度为5 m，高度为3.5 m。巷道围岩支护方案如图2-2所示。顶板岩层采用直径为20 mm、长度为2 400 mm的高强螺纹钢锚杆6根，间排距为900 mm×800 mm；同时顶板每排布置两根锚索，直径为18.9 mm、长度为7 800 mm，间排距为2 000 mm×1 600 mm。巷道两侧采用直径为20 mm、长度为2 000 mm的高强螺纹钢锚杆，煤柱侧锚杆间排距为750 mm×800 mm，实体煤侧锚杆间排距为900 mm×800 mm。巷道顶板和两帮所有锚杆通过钢筋网片与钢筋梯子梁进行连接。

表 2-1　煤层顶底板岩性特征

岩石名称	平均厚度/m	岩性描述
砂质泥岩	6.4	黑灰色,泥质结构,层理发育
粉砂岩(一)	7.8	灰色,主要成分为长石、石英,具有水平层理
泥岩(一)	3.8	黑灰色,断口平坦,含有植物化石
煤层	4.0	黑色,参差状断口,以亮煤为主,次为暗煤
泥岩(二)	4.2	黑灰色,断口平坦,含有植物化石
细砂岩	6.4	灰白色,以长石、石英为主,断口角平坦
粉砂岩(二)	4.5	灰色,主要成分为长石、石英,具有水平层理

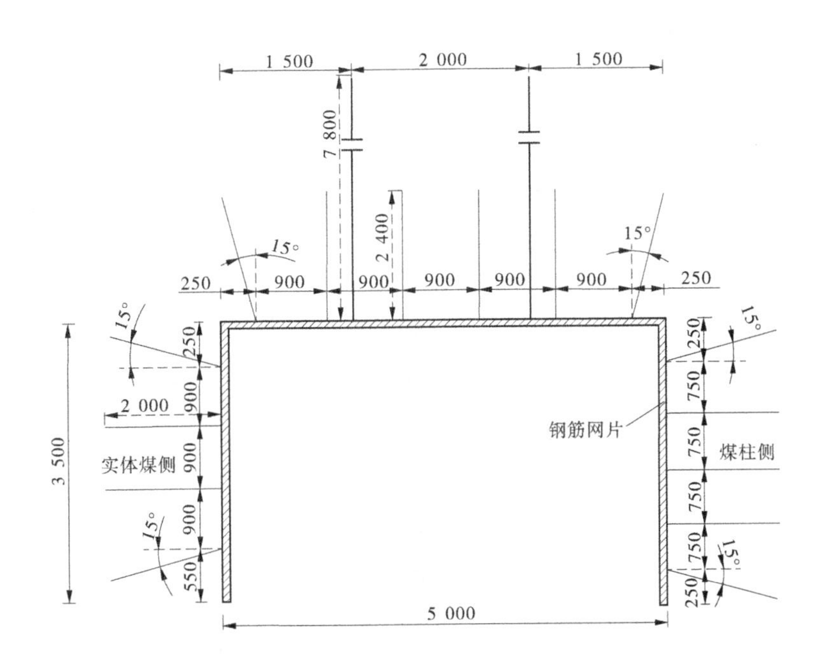

图 2-2　巷道围岩支护方案　(单位:mm)

2.2　围岩力学特性试验

2.2.1　煤(岩)体力学试件制备及试验仪器

为了掌握围岩的力学特性参数,从现场获取巷道顶底板煤岩体,包装好并运送至中国矿业大学深部岩土力学与地下工程国家重点实验室,按照相关要求制备成相应的煤(岩)标准试件。单轴及三轴压缩试验试件尺寸为 ϕ 50×100 mm,巴西劈裂试验试件尺寸为 ϕ 50 mm×25 mm,煤(岩)体标准试件如图 2-3 所示。

(a)煤样 (b)岩样

图 2-3 煤(岩)体标准试件

本书采用 DDL500 型电子式万能试验机完成单轴压缩试验及巴西劈裂试验(见图 2-4)。该试验设备最大垂直载荷可以达到 500 kN,采用位移控制模式进行加载,加载速率为 0.03 mm/min。三轴压缩试验是利用 MTS 815 三轴压缩试验控制系统完成的。如图 2-5 所示,MTS 815 三轴压缩试验控制系统最大轴向载荷 2 600 kN,最大侧向压力 45 MPa。试件被放在 MTS 815 三轴压缩试验机上下夹板之间,上部可移动夹板对样本圆形端面进行加载,样本表面布置有环向应变计。试验过程中,对样本施加侧向压力,并以 0.01 mm/min 的恒定速率对样本进行轴向加载直至试件破坏。

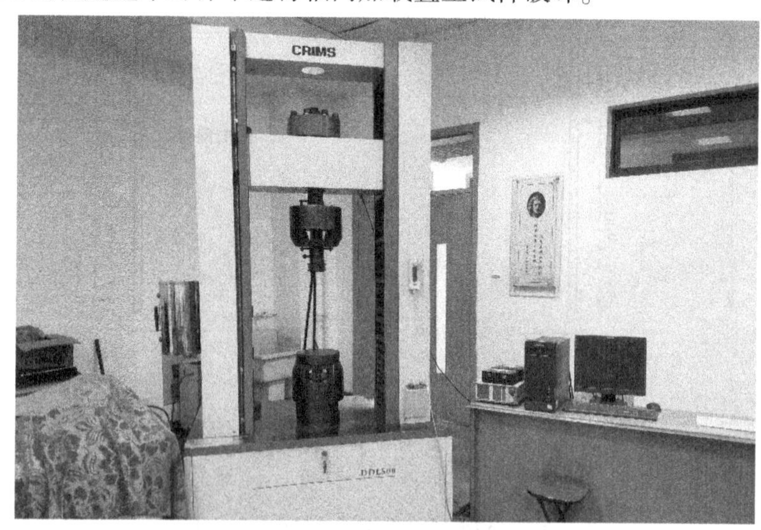

图 2-4 电子式万能试验机

2.2.2 单轴压缩试验

煤(岩)试件在无侧限条件下施加纵向压力直至试件破坏,即煤(岩)单位面积上承受的载荷称为单轴抗压强度,可采用式(2-1)进行计算:

$$\sigma_c = \frac{P}{A} \tag{2-1}$$

图 2-5　MTS 815 三轴压缩试验控制系统

式中　σ_c ——煤(岩)体单轴抗压强度,MPa;

P ——试件承受的最大竖向载荷,N;

A ——试件受载面积,mm^2。

煤(岩)试件单轴压缩试验应力-应变曲线如图 2-6 所示。

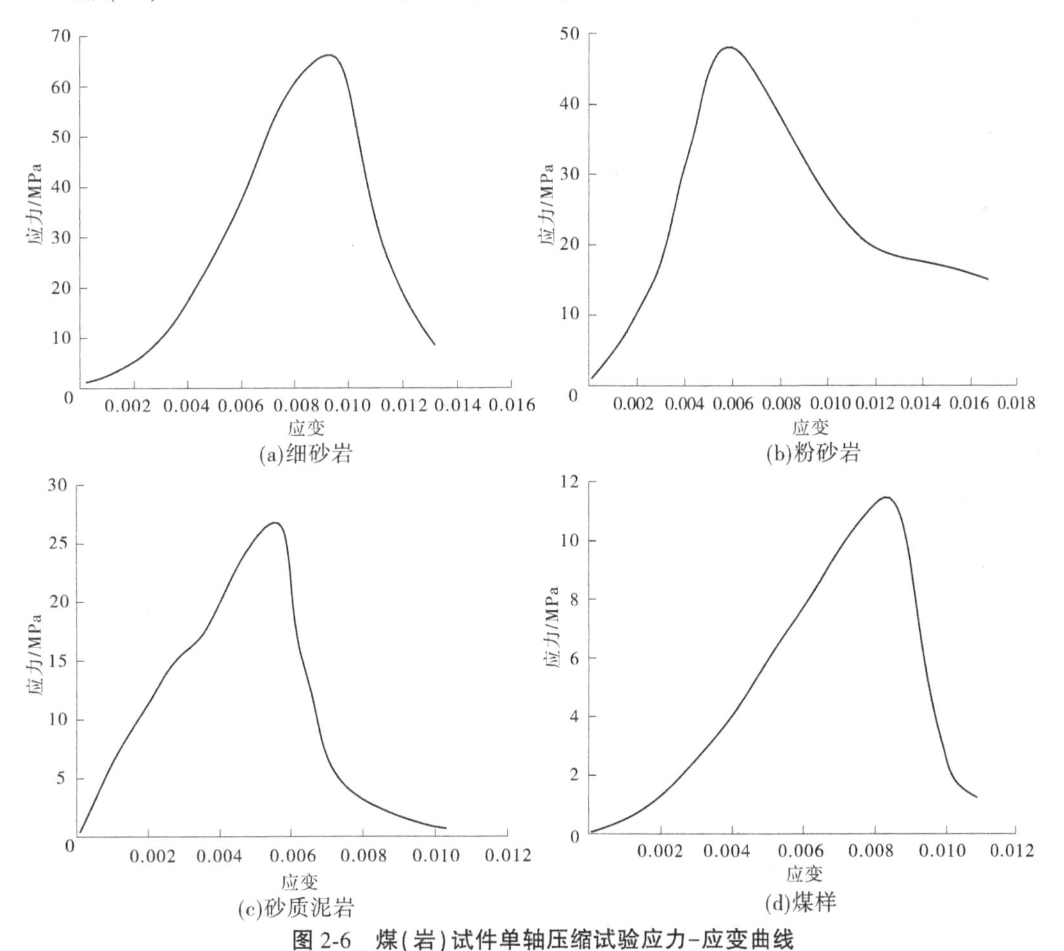

图 2-6　煤(岩)试件单轴压缩试验应力-应变曲线

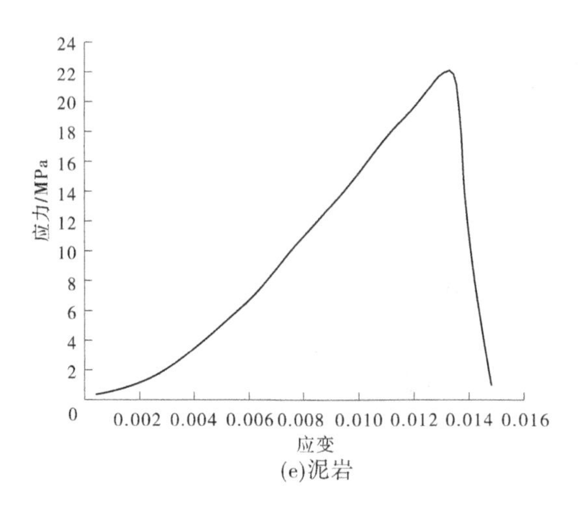

(e)泥岩

续图 2-6

煤(岩)试件单轴压缩试验力学特性参数见表 2-2。

表 2-2 煤(岩)试件单轴压缩试验力学特性参数

岩石类型	试验抗压强度/MPa	修正抗压强度/MPa	弹性模量/GPa	泊松比
细砂岩	68.4	68.8	22.5	0.22
粉砂岩	48.3	47.6	17.8	0.24
砂质泥岩	27.6	27.8	14.1	0.26
煤样	12.3	12.0	1.5	0.32
泥岩	22.4	22.1	10.0	0.29

由表 2-2 试验结果可以得出:煤样单轴抗压强度为 12.0 MPa,弹性模量为 1.5 GPa,泊松比为 0.32;细砂岩单轴抗压强度为 68.8 MPa,弹性模量为 22.5 GPa,泊松比为 0.22;粉砂岩单轴抗压强度为 47.6 MPa,弹性模量为 17.8 GPa,泊松比为 0.24;砂质泥岩单轴抗压强度为 27.8 MPa,弹性模量为 14.1 GPa,泊松比为 0.26;泥岩单轴抗压强度为 22.1 MPa,弹性模量为 10.0 GPa,泊松比为 0.29。

2.2.3 三轴压缩试验

煤(岩)试件三轴压缩试验最大主应力可采用式(2-2)计算获得:

$$\sigma_1 = \frac{P}{A} \tag{2-2}$$

式中 σ_1——最大主应力,MPa;

P——试件承受的最大竖向载荷,N;

A——试件受载面积,mm^2。

将由三轴压缩试验得到的最大主应力 σ_1 和相应围压 σ_3,在 $\tau-\sigma$ 坐标中绘出莫尔应力圆，根据莫尔-库仑强度准则确定黏聚力 C 和内摩擦角 φ，如图 2-7 所示；或者通过线性回归拟合直线 $\sigma_1 = n + m\sigma_3$，得到直线斜率 m 和截距 n，利用式(2-3)和式(2-4)计算 C 和 φ。

$$C = \frac{n}{2\sqrt{m}} \tag{2-3}$$

$$\varphi = \sin\sqrt{\frac{m-1}{m+1}} \tag{2-4}$$

式中　φ——煤岩体内摩擦角(°)；

C——煤岩体黏聚力，MPa。

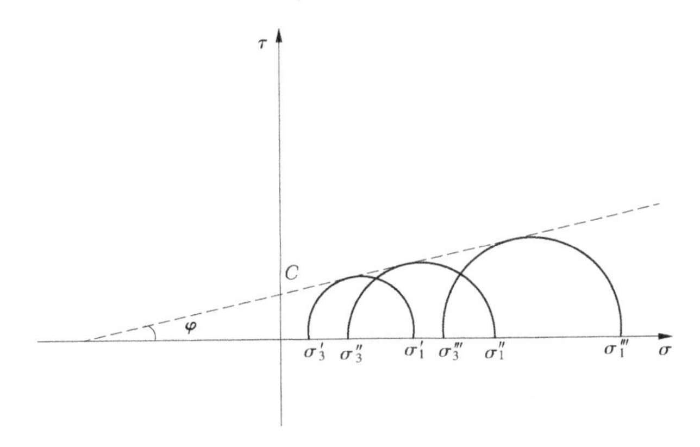

图 2-7　三轴压缩试验莫尔应力圆与抗剪强度的对应关系

煤(岩)试件三轴压缩试验应力-应变曲线如图 2-8 所示。

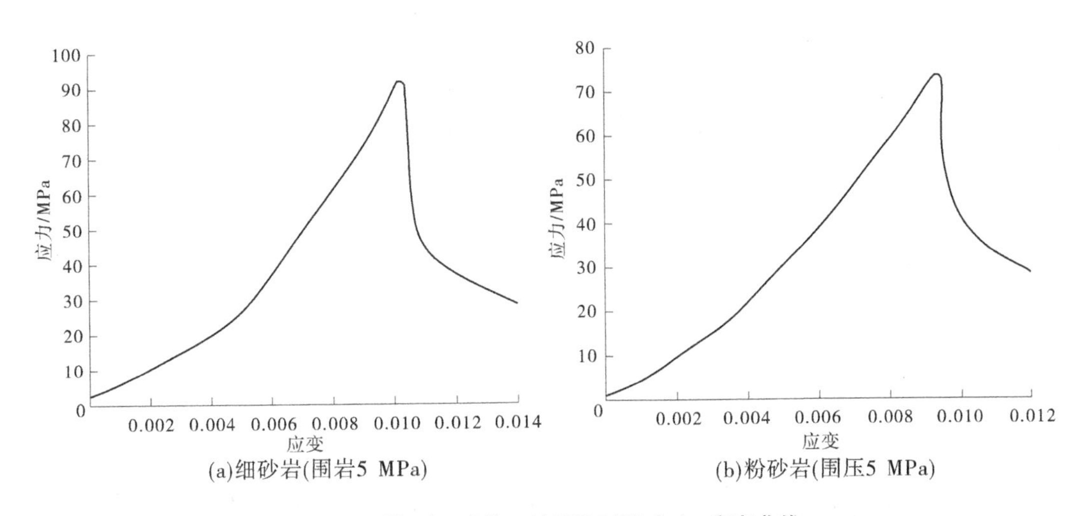

图 2-8　煤(岩)试件三轴压缩试验应力-应变曲线

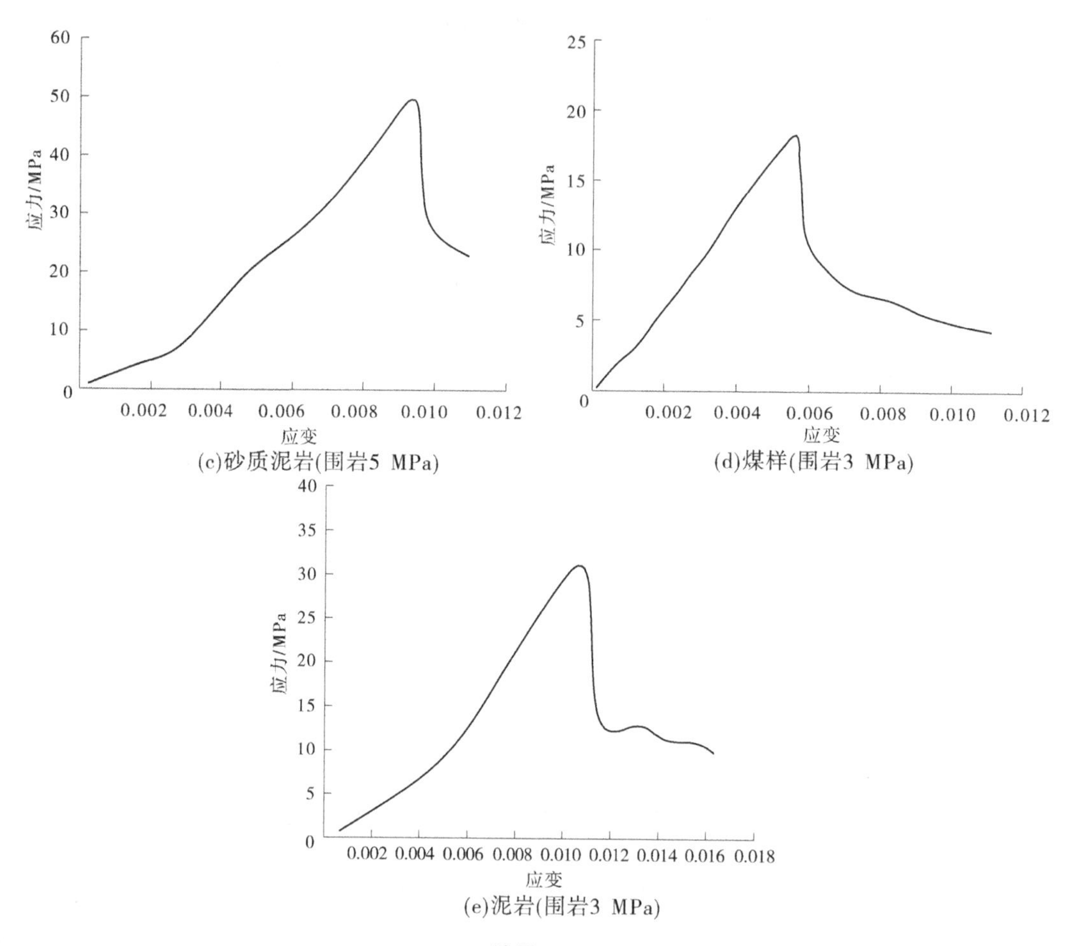

(c)砂质泥岩(围岩5 MPa)

(d)煤样(围岩3 MPa)

(e)泥岩(围岩3 MPa)

续图 2-8

煤(岩)试件三轴压缩试验力学特性参数见表 2-3。

表 2-3　煤(岩)试件三轴压缩试验力学特性参数

岩石类型	围压强度/MPa	黏聚力/MPa	内摩擦角/(°)
细砂岩	3、5、8	2.6	29
粉砂岩	3、5、8	2.3	31
砂质泥岩	3、5、8	1.8	27
煤样	1、3、5	0.7	20
泥岩	1、3、5	1.4	25

由表 2-3 试验结果可以得出:煤样黏聚力和内摩擦角分别为 0.7 MPa、20°;细砂岩黏聚力和内摩擦角分别为 2.6 MPa、29°;粉砂岩黏聚力和内摩擦角分别为 2.3 MPa、31°;砂质泥岩黏聚力和内摩擦角分别为 1.8 MPa、27°;泥岩黏聚力和内摩擦角分别为 1.4 MPa、25°。

2.2.4　巴西劈裂试验

巴西劈裂试验(抗拉强度试验)是测定煤(岩)体抗拉强度的一种方法。通过对试件施加轴向载荷,使试件发生劈裂破坏,可通过式(2-5)计算煤(岩)体抗拉强度:

$$\sigma_t = \frac{2P_t}{\pi D_t H_t} \tag{2-5}$$

式中　σ_t——煤(岩)体抗拉强度,MPa;

P_t——试件破坏的最大载荷,N;

D_t——试件直径,mm;

H_t——试件厚度,mm。

煤(岩)试件劈裂试验应力-应变曲线如图 2-9 所示。

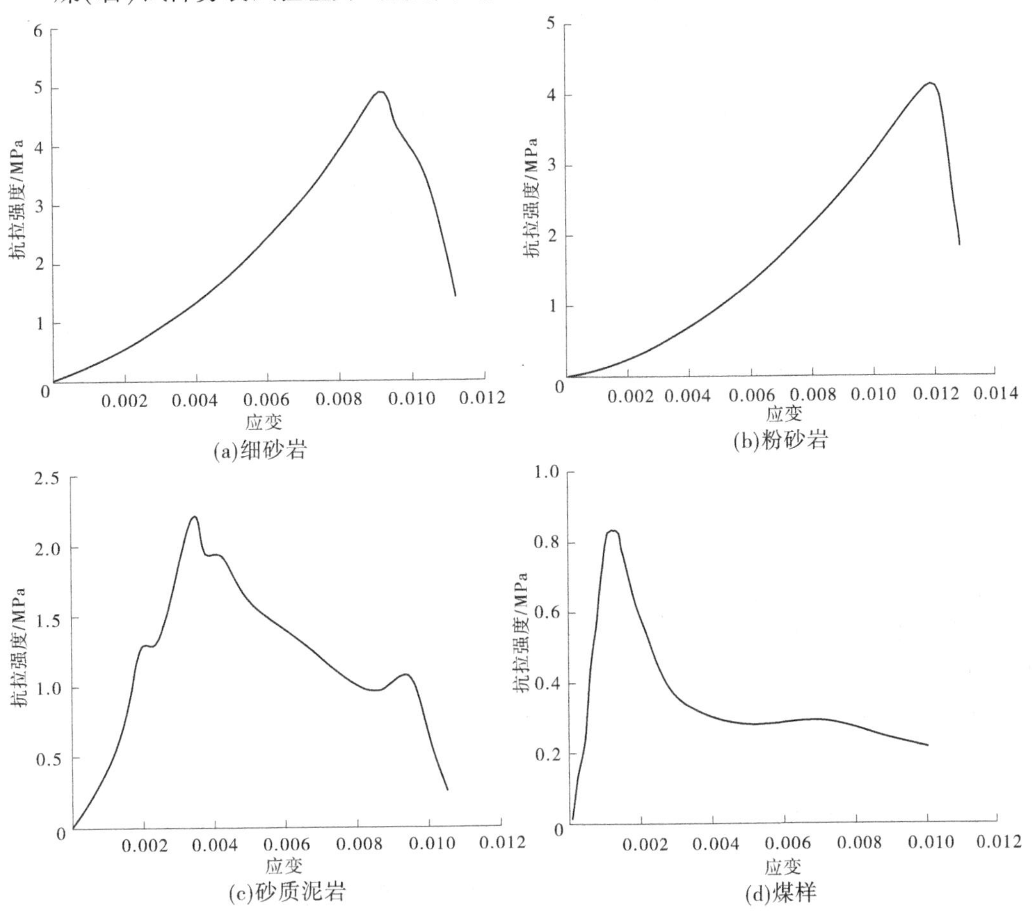

图 2-9　煤(岩)试件劈裂试验应力-应变曲线

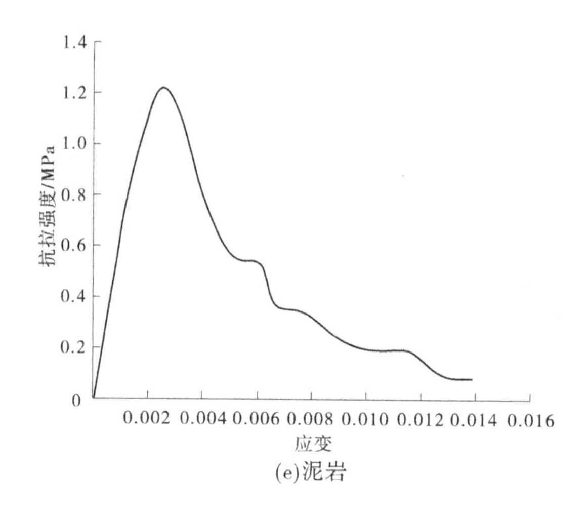

(e)泥岩

续图 2-9

煤(岩)试件巴西劈裂试验力学特性参数见表 2-4。

表 2-4　煤(岩)试件巴西劈裂试验力学特性参数

岩性	细砂岩	粉砂岩	砂质泥岩	煤样	泥岩
平均抗拉强度/MPa	5.3	4.4	2.4	0.8	1.3

由表 2-4 试验结果可以得出:煤样、细砂岩、粉砂岩、砂质泥岩和泥岩的平均抗拉强度分别为 0.8 MPa、5.3 MPa、4.4 MPa、2.4 MPa 和 1.3 MPa。

2.3　巷道围岩破坏特征

8102 运巷沿着上区段工作面采空区进行掘巷,巷道在开挖期间,围岩开始产生大量变形;工作面回采期间,在采动压力和侧向支承压力叠加影响下,巷道顶板出现下垂、冒落、两帮向中部挤压收缩等严重变形现象,护巷煤柱失稳导致 8102 运巷难以维持正常功能。同时,巷道两帮应力集中现象明显,岩体内部积聚大量弹性能,诱发冲击矿压等动力灾害,严重影响了工作面的安全回采。

2.3.1　巷道变形规律及岩体内部观测

为了揭示试验巷道的破坏演化过程,同时能够为后续巷道的稳定性控制研究提供可靠、实际的现场资料,在 8102 运巷内开展了巷道表面位移及煤(岩)体内部裂隙观测。巷道掘进过程中布置 4 个监测站,每个监测站之间的距离为 20 m。采用十字布点法监测巷道表面位移,测点布置及监测设备如图 2-10 所示。

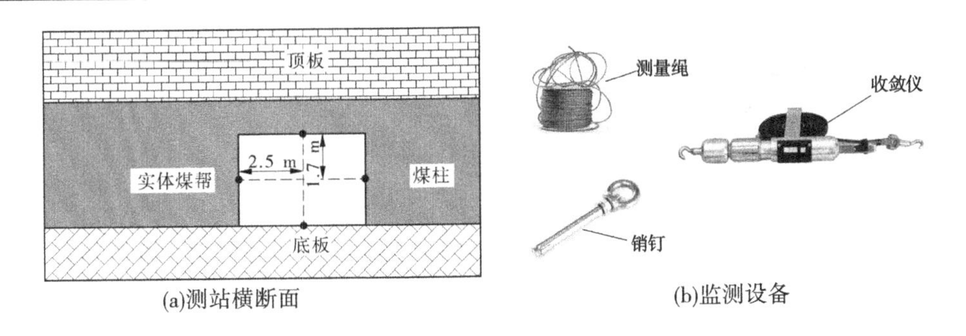

(a)测站横断面　(b)监测设备

图 2-10　测点布置及监测设备

不同阶段 8102 沿空巷道的动态变形结果如图 2-11 所示，围岩各部位移近量为 4 个测站对应变形监测数据的平均值。由分析可知，巷道在开挖 57 d 后变形趋于稳定，其变形速度基本接近于 0。顶板、煤柱侧、实体煤侧和底板的移近量分别达到 285 mm、206 mm、158 mm 和 60 mm。与巷道开挖期间的移近量相比，工作面回采期间巷道移近量增长迅速，顶板、煤柱侧、实体煤侧和底板最大移近量分别增加到 991 mm、652 mm、396 mm 和 104 mm，超过 80%的巷道变形发生在超前工作面 40 m 的位置。巷道围岩变形分布特征表明，顶板移近量最大，煤柱侧移近量大于实体煤侧移近量；底板鼓出量明显小于巷道顶板和两帮移近量，围岩变形呈现非对称分布形态。8102 运巷的变形破坏特征如图 2-12 所示。

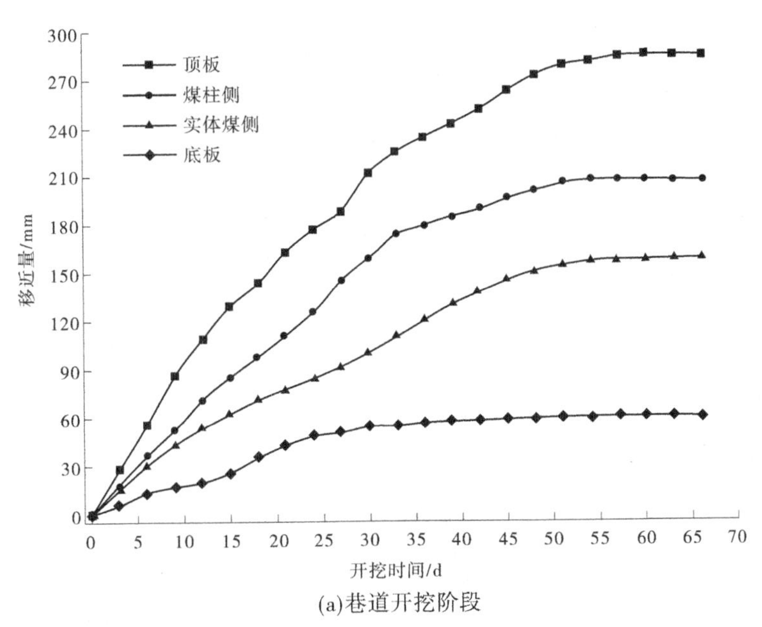

(a)巷道开挖阶段

图 2-11　不同阶段 8102 沿空巷道的动态变形结果

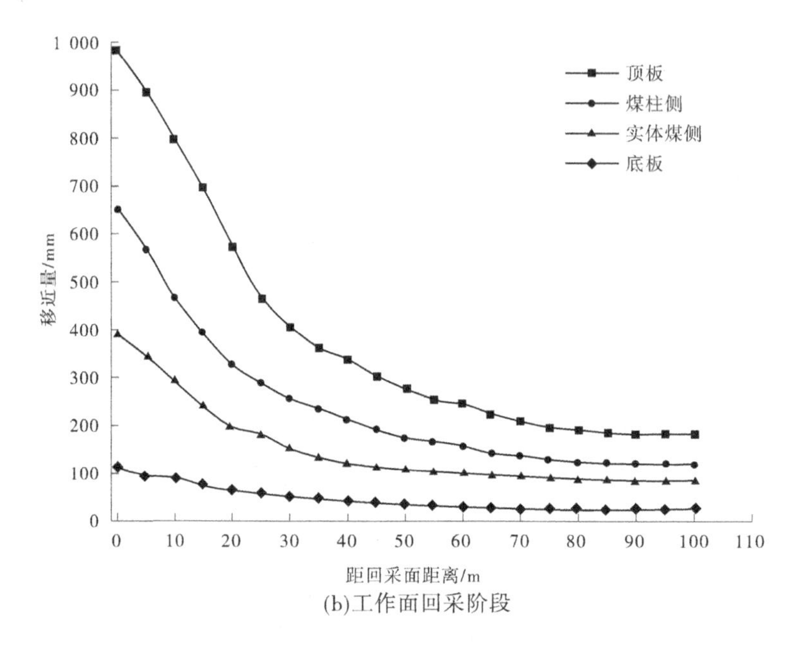

(b)工作面回采阶段

续图 2-11

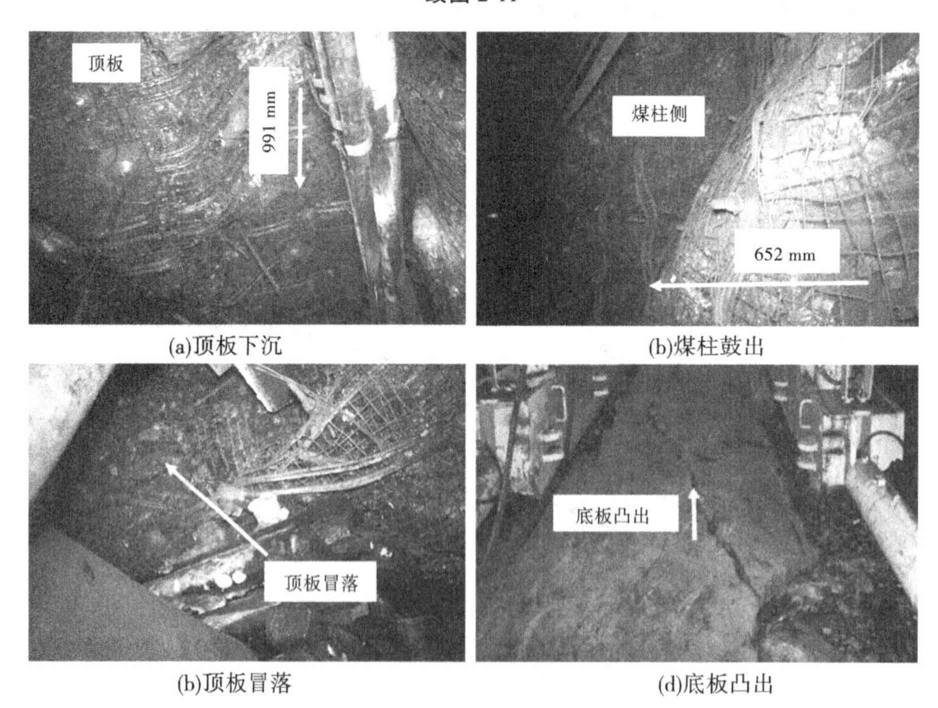

(a)顶板下沉　　(b)煤柱鼓出

(b)顶板冒落　　(d)底板凸出

图 2-12　8102 运巷的变形破坏特征

为了掌握巷道围岩内部裂隙的分布形态,在巷道顶板和两帮分别运用钻孔成像技术进行钻孔窥视,初步确定了煤(岩)体裂隙的发育特征。如图 2-13 所示,在巷道顶板、煤柱侧和实体煤侧布置窥视钻孔。

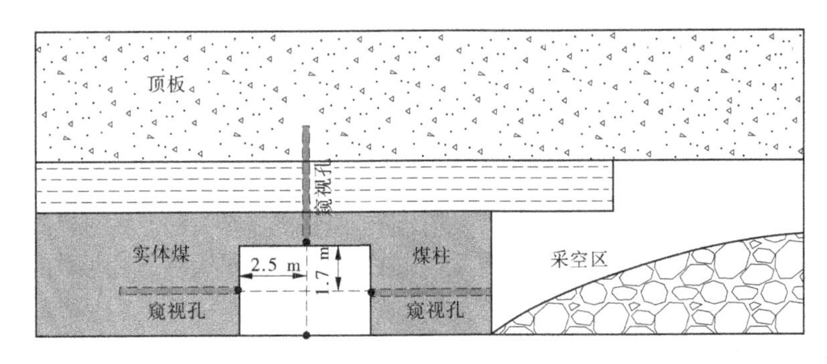

图 2-13　岩体窥视孔布置

巷道围岩结构内部裂隙发育特征如图 2-14 所示。由图 2-14 可知,顶板岩层 0~3 m 内岩体破损严重,且多以横向裂隙和岩层错动为主;3~10 m 内岩层多以纵向裂隙及顶板离层为主。煤柱侧破裂范围较大,裂隙横向扩展及连通,并发育成断裂破碎带,整个煤柱处于屈服状态;实体煤侧破裂范围主要集中在浅部区域,以横向裂隙为主,破裂范围约为 3 m。巷道开挖容易引起顶板下沉及岩层离层,浅部顶板呈横向裂隙分布特征。上区段工作面回采结束,沿空巷道侧向顶板存在悬顶结构。由于顶板岩层抗压强度要高于其抗拉强度,上覆岩层载荷作用下巷道老顶发生受拉破断,所以在顶板破断线位置存在众多纵向裂隙,这也与现场顶板窥视结果吻合。巷道老顶岩层在破断、旋转和下沉过程中,覆岩载荷通过悬顶结构转移到煤柱侧顶板承担。当覆岩压力超过煤柱极限承载强度时,煤柱内横向裂隙从浅部向深部扩展并相互贯通形成大量破碎带,煤柱最终屈服破坏。

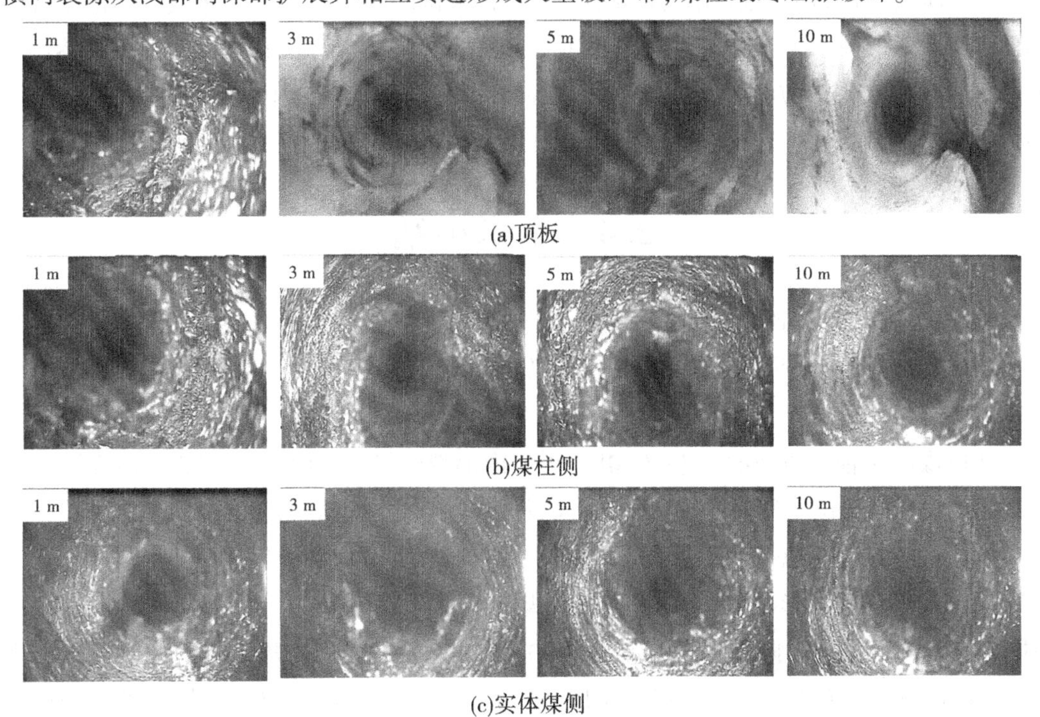

(a)顶板

(b)煤柱侧

(c)实体煤侧

图 2-14　巷道围岩结构内部裂隙发育特征

2.3.2　巷道围岩变形破坏特征分析

(1)采动应力影响剧烈。8102 运巷邻近 8101 工作面进行布置,在上区段工作面回采还未结束就进行沿空掘巷。此时,老顶岩层仍处于运动活跃区,老顶岩层的破断、旋转和下沉必然会对沿空掘巷造成严重影响。由钻孔成像结果可知:老顶岩层范围内竖向裂隙分布众多,顶板破断线位于巷道上方,顶板岩层结构的改变导致巷道变形将持续增加。

(2)煤层强度低、裂隙发育。由煤(岩)体力学特性试验可知,煤体单轴抗压强度为 12.0 MPa,煤层内部分布大量裂隙。8102 运巷沿着煤层底部布置,巷道顶板和两帮位于低强度煤层中,而底板位于强度相对较高的泥岩中。这种特殊的工程地质条件掘巷,极易导致巷道顶板离层、冒落及帮部产生挤压变形。

(3)巷道断面大,围岩变形控制难度增加。8102 区段运巷为满足通风和运输的要求,巷道宽度为 5 m,高度为 3.5 m,属于大断面巷道。巷道宽度增加导致围岩应力环境恶化,顶板岩层中部区域弯曲应力增大,顶板岩层离层和下沉趋势加剧,围岩破坏范围扩大。

(4)巷道侧向顶板存在悬顶结构,煤柱侧顶板承担载荷增大。上区段工作面回采过程中,沿空巷道老顶岩层存在悬顶结构,悬顶长度为 10~15 m。老顶岩层的破断和旋转下沉将直接影响巷道两帮的受力形态,导致沿空侧煤柱和实体煤帮破坏范围不同,两帮呈现非对称变形特征,巷道围岩变形控制难度增加。

针对以上 8102 沿空掘巷围岩稳定控制存在的关键问题,本书通过开展高应力沿空掘巷切顶卸压围岩变形机制及控制研究,探讨顶板预裂对围岩结构的卸压作用机制,分析巷道应力分布状态和变形效应的演化规律,揭示煤柱宽度和围岩稳定性的相互作用机制,增强巷道围岩的稳定控制效果,为高应力沿空巷道顶板结构控制及应力卸压提供可靠的依据。

2.4　本章小结

本章通过围岩力学特性试验,获得了煤岩体力学特性参数,结合现场巷道变形规律及岩体内部结构观测分析了 8102 沿空巷道围岩变形破坏特征,揭示了围岩结构失稳的主要影响因素,并得到以下主要结论:

(1)煤层单轴抗压强度为 12.0 MPa,煤层内部裂隙发育。8102 沿空巷道沿煤层底板布置,顶板和两帮位于低强度煤层中,而底板位于强度相对较高的泥岩中。在这种特殊的工程地质条件下进行掘巷,极易导致巷道顶板离层、冒落及帮部产生挤压变形。

(2)受采动应力影响强烈,巷道顶板及煤柱侧变形破坏严重。顶板岩层 0~3 m 内岩体破裂,且多以横向裂隙和岩层错动为主;3~10 m 内岩层多以纵向裂隙及顶板离层为主。煤柱侧破裂范围较大,裂隙横向扩展及连通,并发育成断裂破碎带,煤柱处于变形破坏状态。

（3）巷道侧向顶板存在悬顶结构，煤柱侧顶板承担载荷增大。上区段工作面回采过程中，沿空巷道老顶岩层存在悬顶结构。老顶岩层在巷道上方破断、旋转、下沉过程中，直接影响了巷道两帮的受力形态，导致沿空煤柱和实体煤帮破坏范围不同，两帮呈现非对称变形特征，巷道围岩变形控制难度增加。

第3章 高应力沿空掘巷切顶卸压围岩力学分析

在高应力沿空掘巷切顶卸压围岩结构体系中，沿空巷道顶板、煤柱、采空区垮落矸石堆积体和高位顶板岩层结构作为协调变形的整体，其不仅承担上覆岩层载荷、采动应力和各组成结构间的应力调整，而且体系内各组成结构之间的变形也相互约束。在构建高应力沿空掘巷围岩结构体系过程中，采空区垮落堆积体对高位顶板岩梁的支撑载荷越大，则高位岩体控制弯曲下沉的能力越强，煤柱侧顶板承担的载荷及变形量越小，巷道围岩的稳定性越强。本章通过建立切顶后沿空掘巷围岩力学分析模型，研究采空区破碎矸石岩体支撑作用下高位顶板岩层的弯曲变形特征，揭示岩体回转角、矸石作用阻力、直接顶弹性模量和厚度、巷道宽度及顶板支护强度等多因素耦合影响下掘巷顶板的位移演化规律，阐释塑性区宽度对煤柱稳定性的作用机制，为沿空掘巷煤柱宽度优化设计提供依据。

3.1 沿空巷道覆岩结构破断特征

工作面回采过程中，煤层上方各岩层的应力平衡状态被打破，覆岩产生运移和变形，应力调整并再次达到平衡状态。由关键层理论可知：由于成岩环境及岩层矿物组成的不同，其中一些坚硬岩层在岩层活动中具有承载与控制作用；一些软弱岩层在岩层活动中具有加载作用，其自重大部分由坚硬岩层来承担。这些对岩体活动全部或局部起控制作用的岩层称为关键层。巷道上覆岩层结构中，老顶不仅对其上部岩层载荷具有承载作用，而且与其下方巷道顶板的变形协调一致，因此老顶岩层就可以被定义为关键层。

随着工作面的推进，煤层采出空间增大，顶板悬露面积增加，老顶在初次来压条件下发生“O-X”破断；随着煤层采出空间的进一步增大，沿工作面走向老顶发生周期性破断形成砌体梁结构，工作面端头形成弧形三角块，如图3-1所示。弧形三角块一端位于回采面实体煤上方，另一端位于邻近工作面采空区上方。当沿采空区边缘进行开挖巷道时，由于巷道围岩位于弧形三角块下方，造成沿空巷道侧向顶板存在悬顶结构。悬顶结构的破断、回转和弯曲下沉是造成沿空巷道剧烈变形及煤柱失稳的重要原因。同时，采空区顶板岩层垮落不充分，破断岩体与上覆岩层之间存在较大间隙，不能有效地支撑上部岩体，煤柱承担载荷的进一步增大更容易引发巷道失稳及动力灾害的发生。

高应力沿空掘巷切顶卸压围岩稳定性控制是在上区段工作面巷道顶板内进行超前预裂切顶，切断沿空巷道与采空区坚硬顶板岩层之间的结构联系，在周期来压及自重作用下采空区顶板沿着预裂切缝面切落，减少沿空巷道侧向顶板的悬顶长度，减小顶板岩层之间

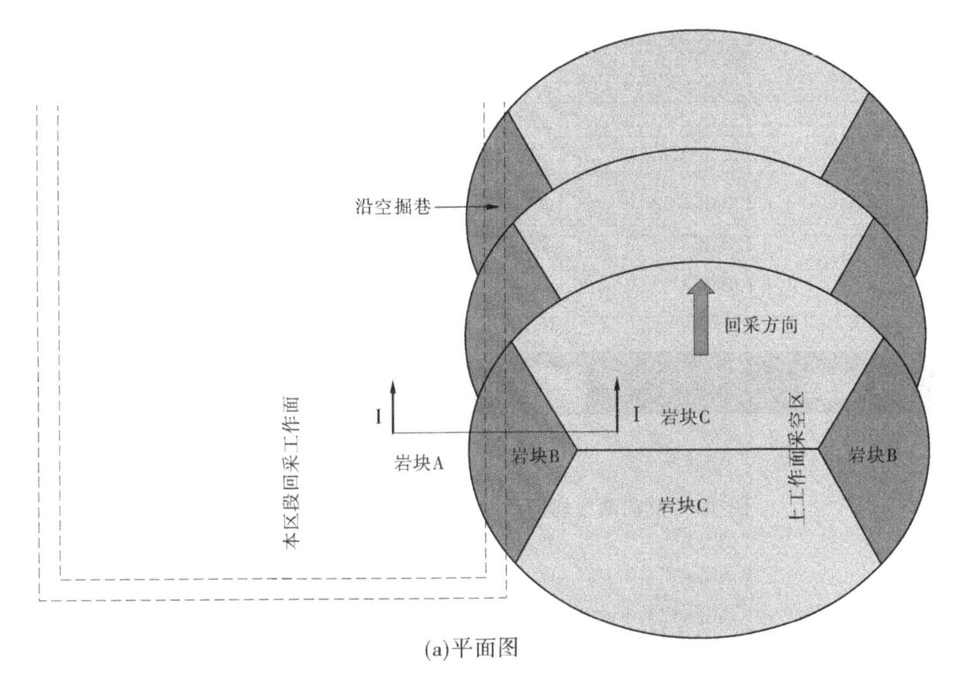

(a)平面图

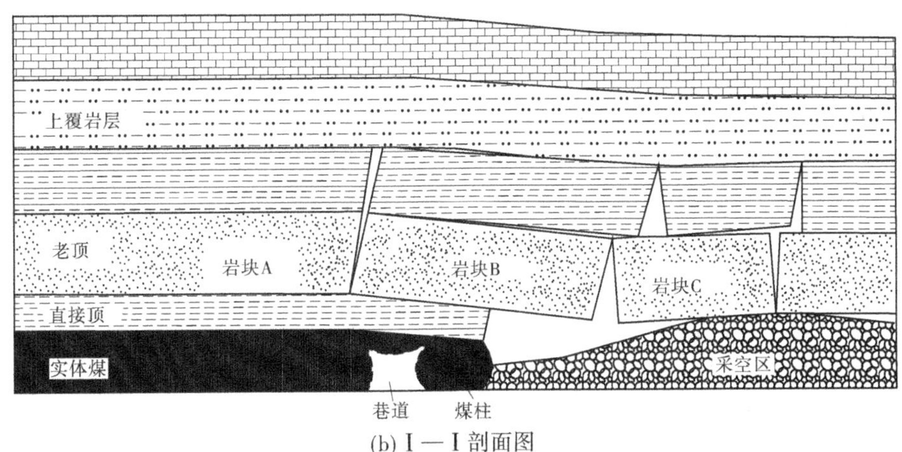

(b) I—I 剖面图

图 3-1 沿空巷道覆岩结构破断形态

的应力传递,降低巷道两帮承担的覆岩载荷,减少巷道围岩变形,如图 3-2 所示。同时,被切落的矸石岩体形成垮落堆积体填充采空区并支撑上覆岩层结构,能够有效增强高位岩体抵抗弯曲变形的能力,减小岩体回转下沉空间和掘巷顶板受扰动的施载时间,实现巷道顶板的主动控制与应力卸压。在"顶板预裂卸压+垮落岩体填充"构成的巷道围岩复合承载结构内,煤柱不仅能够维持巷道自身稳定,而且其宽度可以进一步减小,有利于提高煤炭资源回收率。因此,研究巷道顶板岩层的运动规律及载荷传递机制对实现围岩结构的稳定性控制具有重要意义。

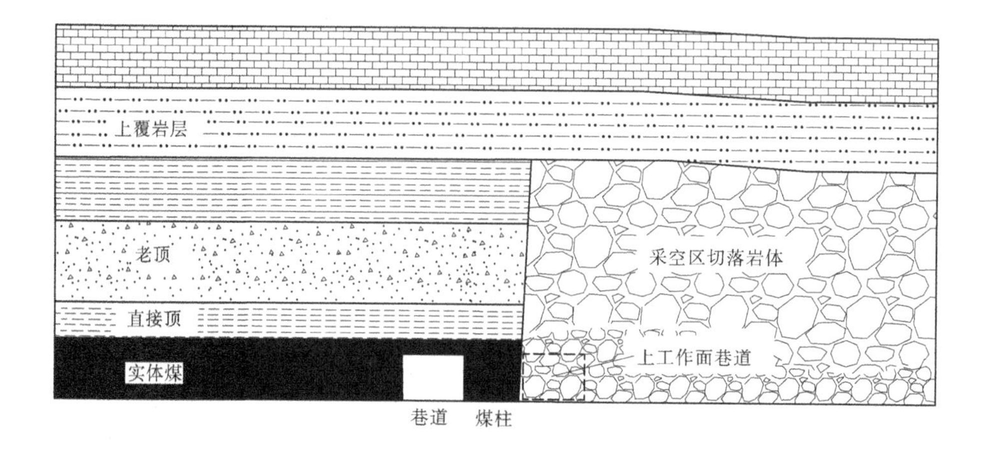

图 3-2 侧向顶板切落后沿空巷道顶板的破断形态

3.2 高位顶板岩梁的弯曲变形特征

高位顶板岩梁作为上覆岩层和下部岩层的连接载体,其不仅承担上覆岩层载荷,而且向其下部岩体转移岩层压力。当侧向顶板被切落后,高位顶板岩梁一侧位于工作面实体煤区域上方,另一侧位于采空区切落矸石岩体上方,如图 3-3 所示。采空区破碎矸石岩体的支撑强度越高,高位顶板岩梁的弯曲挠度越小,巷道直接顶岩层吸收的给定变形量相应越少,沿空巷道围岩结构的稳定性越强。因此,研究采空区破碎矸石支撑作用下高位顶板岩梁的弯曲变形特征对控制围岩稳定性具有重要作用。

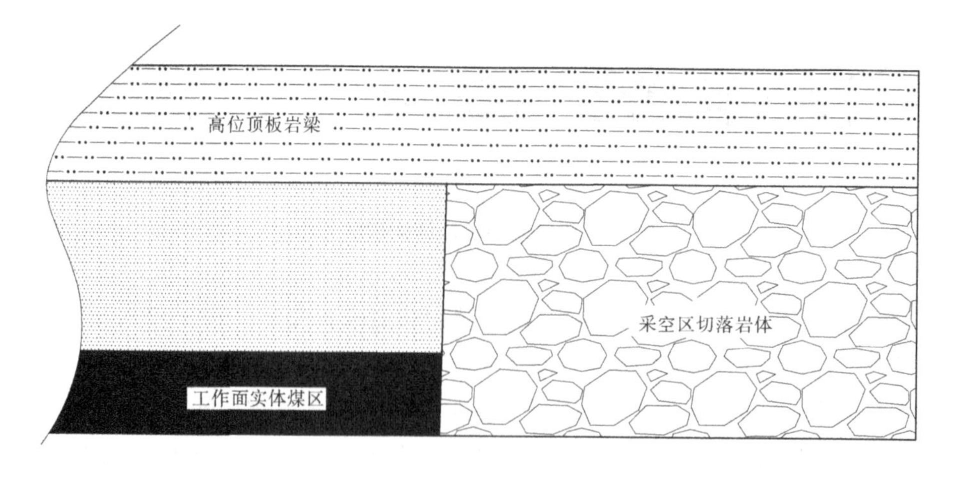

图 3-3 采空区垮落矸石支撑条件下高位顶板岩梁的变形特征

3.2.1　预裂切顶作用下高位顶板岩梁力学模型

如图 3-4 所示，对切顶范围内岩层结构进行简化，建立采空区垮落矸石岩体支撑作用下的高位顶板岩梁力学模型。模型左边界简化为固定端，上覆岩层载荷用 q 表示，破碎矸石对岩梁的支撑载荷用 q_s 表示；σ_y、σ_{y0} 和 x_0 分别表示工作面实体煤区域上方顶板岩体内的垂直应力、切缝处残余顶板强度和极限平衡区宽度；l_0 表示悬臂梁右边界到极限平衡区起点的长度；H_0 表示高位顶板岩梁厚度。

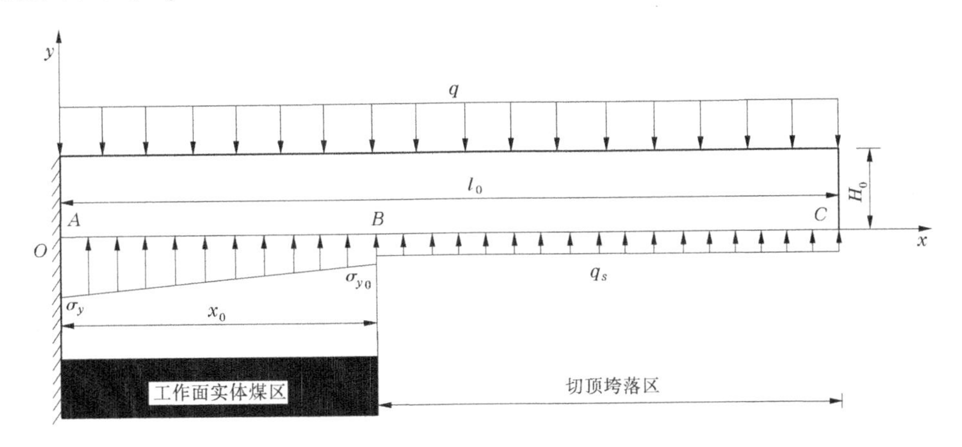

图 3-4　采空区垮落矸石支撑条件下高位顶板岩梁的力学模型

根据图 3-4，将岩梁 AC 在 B 处分成岩梁 AB 和 BC，分别建立力学平衡方程进行讨论。

对于岩梁 BC，有 $\sum F_y = 0$，则

$$F_{yB} + q_s(l_0 - x_0) - q(l_0 - x_0) = 0 \tag{3-1}$$

$$F_{yB} = (q - q_s)(l_0 - x_0) \tag{3-2}$$

对 B 点取弯矩 $\sum M_B = 0$，则

$$M_B + \frac{q_s(l_0 - x_0)^2}{2} - \frac{q(l_0 - x_0)^2}{2} = 0 \tag{3-3}$$

$$M_B = \frac{(q - q_s)(l_0 - x_0)^2}{2} \tag{3-4}$$

分段计算岩梁 AB 和 BC 的弯矩，对于岩梁 AB，当 $0 \leqslant x \leqslant x_0$ 时，则

$$M_{AB}(x) + \frac{\sigma_{y0}(x_0 - x)^2}{2} + \frac{(\sigma_{y'} - \sigma_{y0})(x_0 - x)^2}{6} + q_s(l_0 - x_0)\left(x_0 - x + \frac{l_0 - x_0}{2}\right) - \frac{q(l_0 - x)^2}{2} = 0 \tag{3-5}$$

$$M_{AB}(x) = \frac{q(l_0 - x)^2}{2} - \frac{(2\sigma_{y0} + \sigma_{y'})(x_0 - x)^2}{6} - \frac{q_s(l_0 - x_0)(x_0 + l_0 - 2x)}{2} \tag{3-6}$$

式中　$M_{AB}(x)$ ——岩梁 AB 在截面 x 处的弯矩，N · m；

q——岩梁上覆岩层载荷,MPa;

q_s——采空区破碎矸石的支撑载荷,MPa;

σ_{y0}——工作面实体煤区域上方顶板切缝处岩体的残余强度,MPa;

$\sigma_{y'}$——距离坐标原点 x 位置处岩体的强度,MPa;

x_0——工作面实体煤区域上方顶板岩层极限平衡区宽度,m;

l_0——悬臂梁右边界到极限平衡区起点的长度,m。

对于岩梁 BC,当 $x_0 \leqslant x \leqslant l_0$ 时,则

$$M_{BC}(x) + \frac{q_s(l_0 - x)^2}{2} - \frac{q(l_0 - x)^2}{2} = 0 \tag{3-7}$$

$$M_{BC}(x) = \frac{(q - q_s)(l_0 - x)^2}{2} \tag{3-8}$$

式中 $M_{BC}(x)$——岩梁 BC 在截面 x 处的弯矩,N · m;

q——岩梁上覆岩层载荷,MPa;

q_s——采空区破碎矸石的支撑载荷,MPa;

l_0——悬臂梁右边界到极限平衡区起点的长度,m。

基于材料力学理论,挠度与弯矩之间的关系满足式(3-9):

$$EI\frac{\mathrm{d}^2 w(x)}{\mathrm{d}x^2} = M(x) \tag{3-9}$$

所以,岩梁 AB 段和 BC 段弯矩与相应挠度之间的关系为

$$\begin{cases} EI\dfrac{\mathrm{d}^2 w_{AB}(x)}{\mathrm{d}x^2} = M_{AB}(x) = \dfrac{q(l_0 - x)^2}{2} - \dfrac{(2\sigma_{y0} + \sigma_{y'})(x_0 - x)^2}{6} \\ \qquad - \dfrac{q_s(l_0 - x_0)(x_0 + l_0 - 2x)}{2} \quad (0 \leqslant x \leqslant x_0) \\ EI\dfrac{\mathrm{d}^2 w_{BC}(x)}{\mathrm{d}x^2} = M_{BC}(x) = \dfrac{(q - q_s)(l_0 - x)^2}{2} \quad (x_0 \leqslant x \leqslant l_0) \end{cases} \tag{3-10}$$

当 $0 \leqslant x \leqslant x_0$ 时,岩梁 AB 段转角和挠度分别为

$$\begin{cases} EI\dfrac{\mathrm{d}w_{AB}(x)}{\mathrm{d}x} = -\dfrac{q(l_0 - x)^3}{6} + \dfrac{(2\sigma_{y0} + \sigma_{y'})(x_0 - x)^3}{18} + \dfrac{q_s(l_0 - x_0)(x_0 + l_0 - 2x)^2}{8} + A \\ EIw_{AB}(x) = \dfrac{q(l_0 - x)^4}{24} - \dfrac{(2\sigma_{y0} + \sigma_{y'})(x_0 - x)^4}{72} - \dfrac{q_s(l_0 - x_0)(x_0 + l_0 - 2x)^3}{48} + Ax + B \end{cases} \tag{3-11}$$

当 $x_0 \leqslant x \leqslant l_0$ 时,岩梁 BC 段转角和挠度分别为

$$\begin{cases} EI\dfrac{\mathrm{d}w_{BC}(x)}{\mathrm{d}x} = -\dfrac{(q - q_s)(l_0 - x)^3}{6} + C \\ EIw_{BC}(x) = \dfrac{(q - q_s)(l_0 - x)^4}{24} + Cx + D \end{cases} \tag{3-12}$$

式中 A、B、C 和 D——待定系数。

根据悬臂梁边界连续条件：

当 $x=0$ 和 $x=x_0$ 时，则

$$\begin{cases} w_{AB}(0)=0 \\ w'_{AB}(0)=0 \\ w_{AB}(x_0)=w_{BC}(x_0) \\ w'_{AB}(x_0)=w'_{BC}(x_0) \end{cases} \tag{3-13}$$

联立式(3-11)～式(3-13)，则求解待定系数 A、B、C 和 D 分别为

$$\begin{cases} A=\dfrac{ql_0^3}{6}-\dfrac{(2\sigma_{y0}+\sigma_{y'})x_0^3}{18}-\dfrac{q_s(l_0-x_0)(l_0+x_0)^2}{8} \\ B=-\dfrac{ql_0^4}{24}+\dfrac{(2\sigma_{y0}+\sigma_{y'})x_0^4}{72}+\dfrac{q_s(l_0-x_0)(l_0+x_0)^3}{48} \end{cases} \tag{3-14}$$

$$\begin{cases} C=\dfrac{ql_0^3}{6}-\dfrac{(2\sigma_{y0}+\sigma_{y'})x_0^3}{18}-\dfrac{q_s(l_0-x_0)(l_0^2+l_0x_0+x_0^2)}{6} \\ D=-\dfrac{ql_0^4}{24}+\dfrac{(2\sigma_{y0}+\sigma_{y'})x_0^4}{72}+\dfrac{q_s(l_0^4-x_0^4)}{24} \end{cases} \tag{3-15}$$

将式(3-14)和式(3-15)分别代入式(3-11)和式(3-12)，则可得到挠度 $w_{AB}(x)$ 和 $w_{BC}(x)$ 的表达式。

当 $0\leqslant x\leqslant x_0$ 时，岩梁 AB 段的弯矩 $M_{AB}(x)$ 和挠度 $w_{AB}(x)$ 分别为

$$\begin{cases} M_{AB}(x)=\dfrac{q(l_0-x)^2}{2}-\dfrac{(2\sigma_{y0}+\sigma_{y'})(x_0-x)^2}{6}-\dfrac{q_s(l_0-x_0)(x_0+l_0-2x)}{2} \\ w_{AB}(x)=\dfrac{1}{EI}\left\{\dfrac{q(l_0-x)^4}{24}-\dfrac{(2\sigma_{y0}+\sigma_{y'})(x_0-x)^4}{72}-\dfrac{q_s(l_0-x_0)(x_0+l_0-2x)^3}{48}\right. \\ \left.+\left[\dfrac{ql_0^3}{6}-\dfrac{(2\sigma_{y0}+\sigma_{y'})x_0^3}{18}-\dfrac{q_s(l_0-x_0)(l_0^2+l_0x_0+x_0^2)}{6}\right]x-\dfrac{ql_0^4}{24}+\dfrac{(2\sigma_{y0}+\sigma_{y'})x_0^4}{72}+\dfrac{q_s(l_0^4-x_0^4)}{24}\right\} \end{cases} \tag{3-16}$$

当 $x_0<x\leqslant l_0$ 时，岩梁 BC 段的弯矩 $M_{BC}(x)$ 和挠度 $w_{BC}(x)$ 分别为

$$\begin{cases} M_{BC}(x)=\dfrac{(q-q_s)(l_0-x)^2}{2} \\ w_{BC}(x)=\dfrac{1}{EI}\left\{\dfrac{(q-q_s)(l_0-x)^4}{24}+\left[\dfrac{ql_0^3}{6}-\dfrac{(2\sigma_{y0}+\sigma_{y'})x_0^3}{18}-\dfrac{q_s(l_0-x_0)(l_0^2+l_0x_0+x_0^2)}{6}\right]x\right. \\ \left.-\dfrac{ql_0^4}{24}+\dfrac{(2\sigma_{y0}+\sigma_{y'})x_0^4}{72}+\dfrac{q_s(l_0-x_0)^3l_0}{24}\right\} \end{cases} \tag{3-17}$$

3.2.2　高位顶板岩梁弯曲变形规律

结合现场顶板岩性条件，相关参数设置为：高位顶板岩梁容重和弹性模量分别为 $\gamma=25\ \text{kN/m}^3$ 和 $E=17.8\ \text{GPa}$，上覆岩层载荷 $q=7.2\ \text{MPa}$；采空区切落矸石岩体对高位顶板

岩梁的支撑载荷分别取 q_s = 0.5 MPa、1 MPa、1.5 MPa、2 MPa、2.5 MPa 和 3 MPa；现场老顶岩层的悬臂梁长度分别取 10 m 和 15 m，工作面实体煤区域上方顶板岩体的垂直应力、切缝处残余顶板强度和极限平衡区宽度分别为 σ_y = 10.1 MPa、σ_{y0} = 3.8 MPa 和 x_0 = 8 m，将相应参数分别代入式(3-16)和式(3-17)进行分析。

当老顶悬臂梁长度为 15 m 时，高位顶板岩梁在采空区切落矸石岩体的支撑作用下弯矩和挠度分布特征，如图 3-5 所示。经分析可知，工作面实体煤区域和切顶垮落区域的高位顶板岩梁均处在弯曲变形状态。在悬臂梁固定端处(x = 0 m)，顶板岩梁的弯矩最大；随着顶板岩梁水平距离的增大，顶板岩梁的弯矩逐渐减小。在顶板预裂切缝处(x = 8 m)，弯矩随采空区切落岩体支撑载荷的增加而产生显著降低。当采空区切落岩体支撑载荷由 0.5 MPa 增加至 3.0 MPa 时，顶板岩梁弯矩由 7.43 MN · m 降低至 4.61 MN · m。与弯矩变化规律相似，在顶板预裂切缝处，顶板岩梁挠度随采空区切落岩体支撑载荷的增加而产生显著降低。当采空区切落岩体支撑荷载由 0.5 MPa 增加至 3.0 MPa 时，顶板岩梁挠度由 0.48 m 降低至 0.23 m，这表明坚硬顶板切落后，采空区破碎矸石岩体对高位顶板岩梁的支撑载荷越大，则高位岩体控制回转下沉的能力越强，煤柱侧顶板承担的载荷及给定变形量越小，煤柱的稳定性越好。

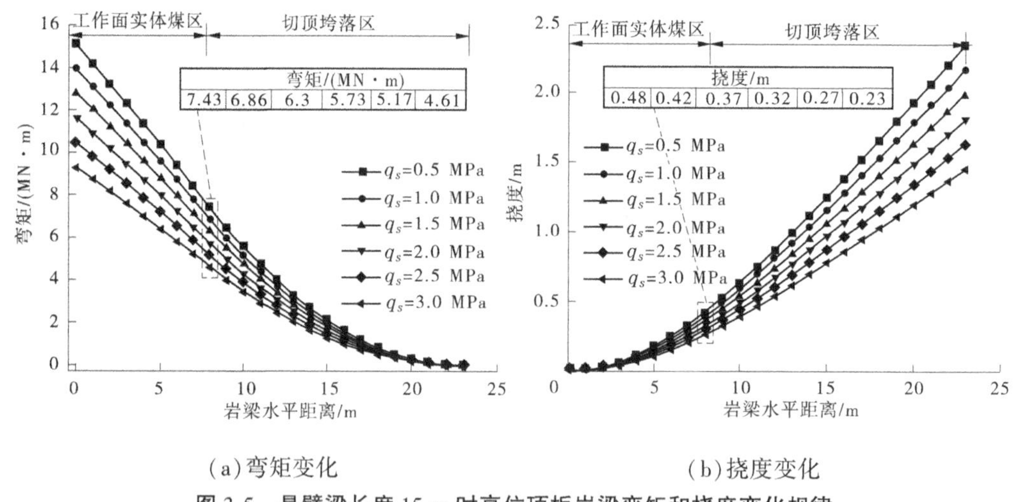

(a)弯矩变化　　(b)挠度变化

图 3-5　悬臂梁长度 15 m 时高位顶板岩梁弯矩和挠度变化规律

与图 3-5 中顶板岩梁弯矩和挠度变化规律相似，当老顶悬臂梁长度为 10 m 时，高位顶板岩梁的弯矩和挠度变化规律如图 3-6 所示。经分析可知，工作面实体煤区域和切顶垮落区域的高位顶板岩梁均处在弯曲变形状态。在悬臂梁固定端处(x = 0 m)，顶板岩梁的弯矩最大；随着顶板岩梁水平距离的增大，顶板岩梁的弯矩逐渐减小。在顶板预裂切缝处(x = 8 m)，弯矩随采空区切落岩体支撑载荷的增加而显著降低。当采空区切落岩体支撑载荷由 0.5 MPa 增加至 3.0 MPa 时，顶板岩梁弯矩由 3.3 MN · m 降低至 2.01 MN · m。与弯矩变化规律相似，在顶板预裂切缝处，顶板岩梁挠度随采空区切落岩体支撑载荷的增加而显著降低。当采空区切落岩体支撑载荷由 0.5 MPa 增加至 3.0 MPa 时，顶板岩梁挠度由 0.26 m 降低至 0.11 m。与悬臂梁长度为 15 m 时顶板切缝处岩梁弯矩和挠度分布特征相比，悬臂梁长度为10 m时，顶板切缝处岩梁的弯矩和挠度分别减少了56.4%和52.2%，这表明悬臂梁长度对高位顶板岩梁的弯曲变形有重要影响。当采空区切落岩体的支撑强度相同时，悬臂梁长度越短，高位顶板岩梁的弯矩和挠度越小。因此，应及时采取措施切落巷道侧向悬露顶板，增大采空区破碎矸石岩体对高位顶板岩梁的支撑载荷，有利于增强高位顶板岩梁抵抗弯曲下沉的能力，提高巷道顶板的完整性。

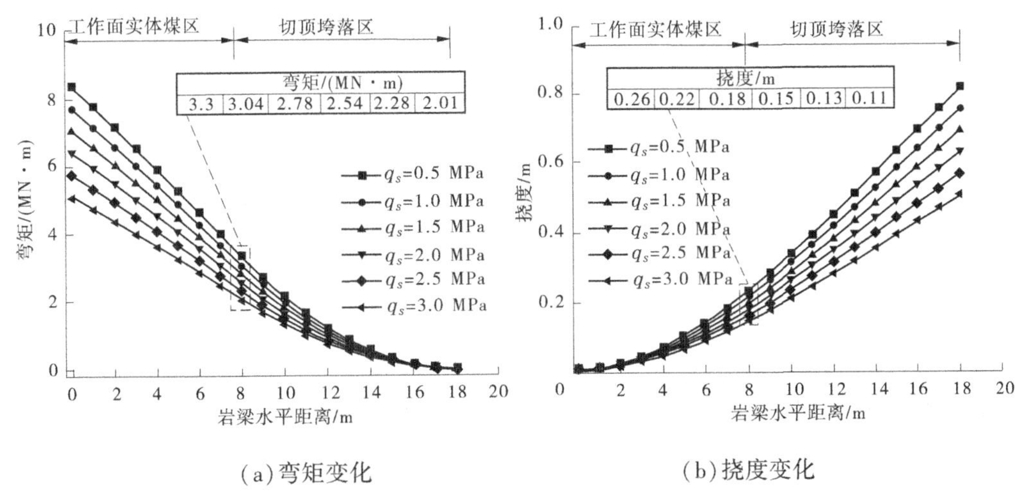

(a)弯矩变化　　(b)挠度变化

图3-6　悬臂梁长度10 m时高位顶板岩梁弯矩和挠度变化规律

综上所述，在坚硬顶板悬臂梁长度相同的条件下，采空区切落岩体对高位顶板岩梁的支撑载荷越大，顶板岩梁的弯矩和变形越小，低位岩体受扰动程度越弱，煤柱侧顶板承担的载荷及给定变形量越少，煤柱的稳定性越好。在采空区切落岩体对高位顶板岩梁支撑荷载相同的条件下，坚硬顶板悬臂梁长度越短，顶板岩梁的弯矩和变形越小，巷道顶板吸收的载荷及给定变形量越少，煤柱的稳定性越强。因此，当巷道存在坚硬难垮落顶板时，应采取合理措施切断巷道与采空区顶板岩层之间的结构联系，使破碎岩体能够及时填充采空区，并对上部岩层结构形成有效支撑，进一步增强高位顶板岩梁抵抗弯曲下沉的能力，减小高位岩体的回转下沉空间，有利于降低煤柱侧顶板承担的覆岩载荷及给定变形，增强围岩结构的稳定性。

3.3　沿空巷道顶板位移变化规律分析

3.3.1　巷道顶板力学模型

根据沿空掘巷围岩大、小结构的活动规律，沿空巷道侧向顶板被切落后老顶产生弯曲回转，在这一过程中沿空巷道直接顶承受老顶以给定变形方式传递的载荷。由于直接顶刚度远小于老顶刚度，因此直接顶可被视为弹性变形体。如图3-7所示，建立相应的巷道直接顶力学分析模型，顶板上部承受老顶作用的给定变形边界θ（岩体回转角），顶板右边界作用于采空区破碎矸石阻力$q_{s'}$，顶板下边界分别受到锚杆支护强度p_a和煤柱支承

强度 p_b 的作用。巷道直接顶厚度和长度分别用 h 和 l 表示,巷道宽度用 a 表示。通过建立巷道直接顶结构力学模型,揭示巷道顶板在岩体回转角、矸石作用阻力、直接顶弹性模量和厚度、巷道宽度及顶板支护强度等多因素耦合影响下的位移演化规律,为高应力沿空掘巷顶板控制及应力优化提供理论依据。

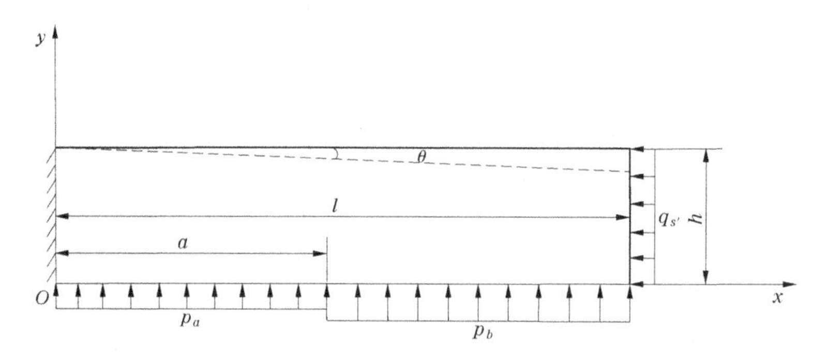

图 3-7 沿空巷道直接顶力学分析模型

沿巷道轴向(z 方向)顶板为无限长,因此可认为该问题属于平面应变问题,弹性体内的形变势能可表示为

$$V_\varepsilon = \iiint v_\varepsilon \mathrm{d}x\mathrm{d}y\mathrm{d}z \tag{3-18}$$

在 z 方向上取一个单位长度,则用位移分量表示的形变势能为

$$V_\varepsilon = \frac{E}{2(1+\mu)}\iint\left[\frac{\mu}{1-2\mu}\left(\frac{\partial u}{\partial x}+\frac{\partial v}{\partial y}\right)^2+\left(\frac{\partial u}{\partial x}\right)^2+\left(\frac{\partial v}{\partial y}\right)^2+\frac{1}{2}\left(\frac{\partial v}{\partial x}+\frac{\partial u}{\partial y}\right)^2\right]\mathrm{d}x\mathrm{d}y \tag{3-19}$$

当沿空巷道直接顶位移分量 u 和 v 分别发生微小变形 Δu 和 Δv,得到拉格朗日位移变分方程为

$$\delta V_\varepsilon = \iint (X\Delta u + Y\Delta v)\mathrm{d}x\mathrm{d}y + \int(\bar{X}\Delta u + \bar{Y}\Delta v)\mathrm{d}s \tag{3-20}$$

取位移分量为

$$\begin{cases} u = u_0 + \sum\limits_m A_m u_m \\ v = v_0 + \sum\limits_m B_m v_m \end{cases} \tag{3-21}$$

其中,A_m、B_m 为互不依赖的 $2m$ 个系数,u_0、v_0 为设定的函数,在给定位移的边界上,它们的边界值等于边界上的已知位移;u_m、v_m 为在该边界上等于零的设定函数。

将式(3-21)代入式(3-20),得

$$\begin{cases} \dfrac{\partial V_\varepsilon}{\partial A} = \iint X u_m \mathrm{d}x\mathrm{d}y + \int \bar{X} u_m \mathrm{d}s \\ \dfrac{\partial V_\varepsilon}{\partial B} = \iint Y v_m \mathrm{d}x\mathrm{d}y + \int \bar{Y} v_m \mathrm{d}s \end{cases} \tag{3-22}$$

式中 X、Y——体力分量;

$\overline{X}$、$\overline{Y}$——面力分量；

u_0、v_0——设定函数，分别等于边界位移；

u_m、v_m——边界上的相应函数。

根据顶板结构力学关系模型，边界条件如下：

体力分量：

$$X = 0, Y = -\rho g \tag{3-23}$$

面力边界条件：

$$\begin{cases} x = l, \overline{X} = q_{s'} \\ 0 < x < a, y = 0, \overline{Y} = p_a \\ a < x < l, y = 0, \overline{Y} = p_b \end{cases} \tag{3-24}$$

位移边界条件：

$$\begin{cases} x = 0, u = v = 0 \\ y = h, v = -x\tan\theta \end{cases} \tag{3-25}$$

取位移分量表达式如下：

$$\begin{cases} u = S_1 x \\ v = -x\tan\theta + S_2 x(h - y) \end{cases} \tag{3-26}$$

式中　S_1、S_2——待定系数。

将式(3-26)代入式(3-19)中，则巷道直接顶的弹性势能为

$$\begin{aligned} V_\varepsilon &= \frac{E}{2(1+\mu)}\iint\left[\frac{\mu}{1-2\mu}\left(\frac{\partial u}{\partial x}+\frac{\partial v}{\partial y}\right)^2+\left(\frac{\partial u}{\partial x}\right)^2+\left(\frac{\partial v}{\partial y}\right)^2+\frac{1}{2}\left(\frac{\partial v}{\partial x}+\frac{\partial u}{\partial y}\right)^2\right]\mathrm{d}x\mathrm{d}y \\ &= \frac{E\mu}{2(1+\mu)(1-2\mu)}\iint\left[\left(\frac{\partial u}{\partial x}+\frac{\partial v}{\partial y}\right)^2\right]\mathrm{d}x\mathrm{d}y + \frac{E}{2(1+\mu)}\iint\left[\left(\frac{\partial u}{\partial x}\right)^2+\left(\frac{\partial v}{\partial y}\right)^2\right]\mathrm{d}x\mathrm{d}y \\ &\quad + \frac{E}{4(1+\mu)}\iint\left[\left(\frac{\partial v}{\partial x}+\frac{\partial u}{\partial y}\right)^2\right]\mathrm{d}x\mathrm{d}y \\ &= \frac{E\mu}{2(1+\mu)(1-2\mu)}\int_0^l\int_0^h[(S_1 - S_2 x)^2]\mathrm{d}x\mathrm{d}y + \frac{E}{2(1+\mu)}\int_0^l\int_0^h[S_1{}^2 + (-S_2 x)^2]\mathrm{d}x\mathrm{d}y \\ &\quad + \frac{E}{4(1+\mu)}\int_0^l\int_0^h[(S_2(h-y) - \tan\theta)^2]\mathrm{d}x\mathrm{d}y \\ &= \frac{Elh}{2(1+\mu)}\left\{\frac{1-\mu}{1-2\mu}S_1^2 + \left[\frac{1-\mu}{3(1-2\mu)}l^2 + \frac{h^2}{6}\right]S_2^2 - \frac{\mu l S_1 S_2}{1-2\mu} - \frac{hS_2\tan\theta}{2} + \frac{\tan^2\theta}{2}\right\} \end{aligned} \tag{3-27}$$

对式(3-27)进行化简，然后分别对 S_1 和 S_2 求偏导：

$$\frac{\partial V_\varepsilon}{\partial S_1} = \frac{Elh}{2(1+\mu)(1-2\mu)}(2S_1 - 2\mu S_1 - \mu S_2 l) \tag{3-28}$$

$$\frac{\partial V_\varepsilon}{\partial S_2}=\frac{Elh}{12(1+\mu)(1-2\mu)}[-6\mu lS_1+4(1-\mu)l^2S_2+2(1-2\mu)h^2S_2-3(1-2\mu)h\tan\theta] \tag{3-29}$$

将边界条件代入式(3-22)中,公式右边积分,得

$$\frac{\partial V_\varepsilon}{\partial S_1}=\iint Xv_m\mathrm{d}x\mathrm{d}y+\int\overline{X}v_m\mathrm{d}s=-q_{s'}lh \tag{3-30}$$

$$\begin{aligned}\frac{\partial V_\varepsilon}{\partial S_2}&=\iint Yv_m\mathrm{d}x\mathrm{d}y+\int\overline{Y}v_m\mathrm{d}s\\&=\int_0^l\int_0^h(-pg)x(h-y)\mathrm{d}x\mathrm{d}y+\int_0^a p_a x(h-0)\mathrm{d}x+\int_a^l p_b x(h-0)\mathrm{d}x\\&=-\frac{pgl^2h^2}{4}+\frac{p_aha^2+p_bhl^2-p_bha^2}{2}\end{aligned} \tag{3-31}$$

联立式(3-28)~式(3-31),进行求解:

$$\begin{cases}\dfrac{Elh}{2(1+\mu)(1-2\mu)}(2S_1-2\mu S_1-\mu S_2l)=-q_{s'}lh\\ \dfrac{Elh}{12(1+\mu)(1-2\mu)}[-6\mu lS_1+4(1-\mu)l^2S_2+2(1-2\mu)h^2S_2\\ -3(1-2\mu)h\tan\theta]=-\dfrac{pgl^2h^2}{4}+\dfrac{p_aha^2+p_bhl^2-p_bha^2}{2}\end{cases} \tag{3-32}$$

经求解,待定系数 S_1 和 S_2 如下:

$$\begin{aligned}S_1=&\frac{\mu(1+\mu)(1-2\mu)[6p_bl^2+6(p_a-p_b)a^2-3pgl^2h]}{[(2\mu^2-16\mu+8)l^2+4(1-\mu)(1-2\mu)h^2]E}\\&-\frac{2(1+\mu)(1-2\mu)[4(1-\mu)l^2+2(1-2\mu)h^2]q_{s'}}{[(2\mu^2-16\mu+8)l^2+4(1-\mu)(1-2\mu)h^2]E}\\&+\frac{3\mu(1-2\mu)lh\tan\theta}{[(2\mu^2-16\mu+8)l^2+4(1-\mu)(1-2\mu)h^2]}\end{aligned} \tag{3-33}$$

$$\begin{aligned}S_2=&\frac{2(1-\mu)}{El}\frac{(1+\mu)(1-2\mu)[6p_bl^2+6(p_a-p_b)a^2-3pgl^2h]}{(2\mu^2-16\mu+8)l^2+4(1-\mu)(1-2\mu)h^2}\\&+\frac{6(1-\mu)(1-2\mu)h\tan\theta}{(2\mu^2-16\mu+8)l^2+4(1-\mu)(1-2\mu)h^2}\\&-\frac{2(1-\mu)}{\mu El}\frac{2(1+\mu)(1-2\mu)[4(1-\mu)l^2+2(1-2\mu)h^2]q_{s'}}{(2\mu^2-16\mu+8)l^2+4(1-\mu)(1-2\mu)h^2}\\&+\frac{2(1+\mu)(1-2\mu)}{\mu El}\frac{[(2\mu^2-16\mu+8)l^2+4(1-\mu)(1-2\mu)h^2]q_{s'}}{(2\mu^2-16\mu+8)l^2+4(1-\mu)(1-2\mu)h^2}\end{aligned} \tag{3-34}$$

将式(3-33)和式(3-34)代入式(3-26)中,可获得巷道顶板位移分量表达式。

3.3.2　顶板下沉量与各影响因素的关系

结合区段巷道地质条件，相关参数设置如下：巷道直接顶弹性模量 $E=10$ GPa、顶板长度 $l=15$ m、泊松比 $\mu=0.24$ 和容重 $\gamma=25$ kN/m^3，巷道顶板支护强度 $p_a=0.35$ MPa，采空区矸石岩体作用阻力 $q_{s'}=0.1$ MPa，煤柱支承强度 $p_b=12$ MPa，巷道宽度 $a=5$ m，岩体回转角 $\theta=3°$。将相关参数代入式(3-26)，可计算获得巷道顶板最大下沉量为 146.9 mm，现场变形监测表明顶板最大下沉量为 153.6 mm。由于本力学模型对巷道顶板受力进行较大简化，在进行理论求解时应结合现场实测数据进行评判。同时，在保持其他参数不变的条件下，分别改变岩体回转角、矸石作用阻力、直接顶弹性模量和厚度、巷道宽度及顶板支护强度，进一步分析巷道顶板位移演化规律。

(1)多因素耦合影响下岩体回转角与巷道顶板下沉量的对应关系。

将相应参数代入式(3-26)进行计算，改变矸石作用阻力、直接顶弹性模量和厚度、巷道宽度及顶板支护强度，巷道顶板下沉量与岩体回转角之间的对应关系如图 3-8 所示。

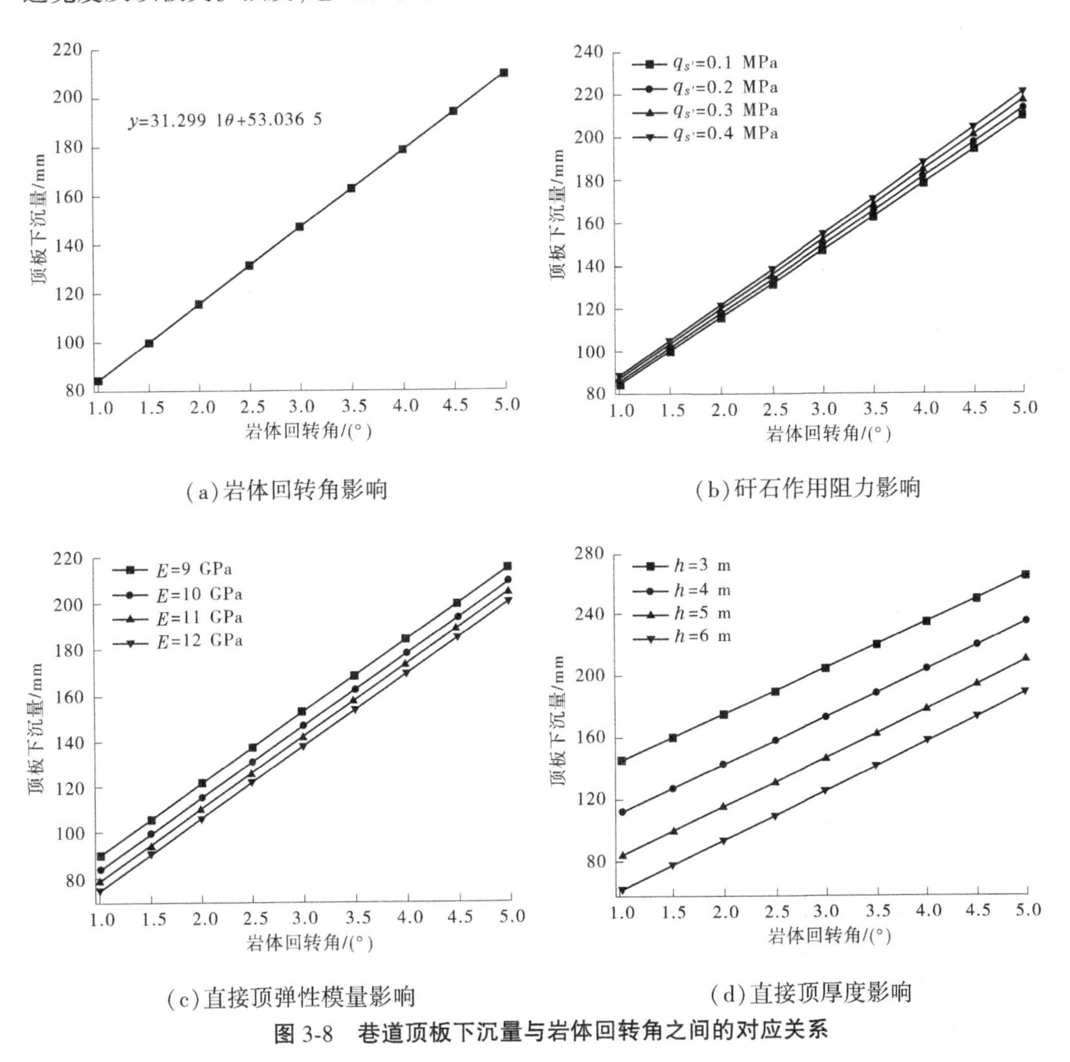

(a)岩体回转角影响　(b)矸石作用阻力影响

(c)直接顶弹性模量影响　(d)直接顶厚度影响

图 3-8　巷道顶板下沉量与岩体回转角之间的对应关系

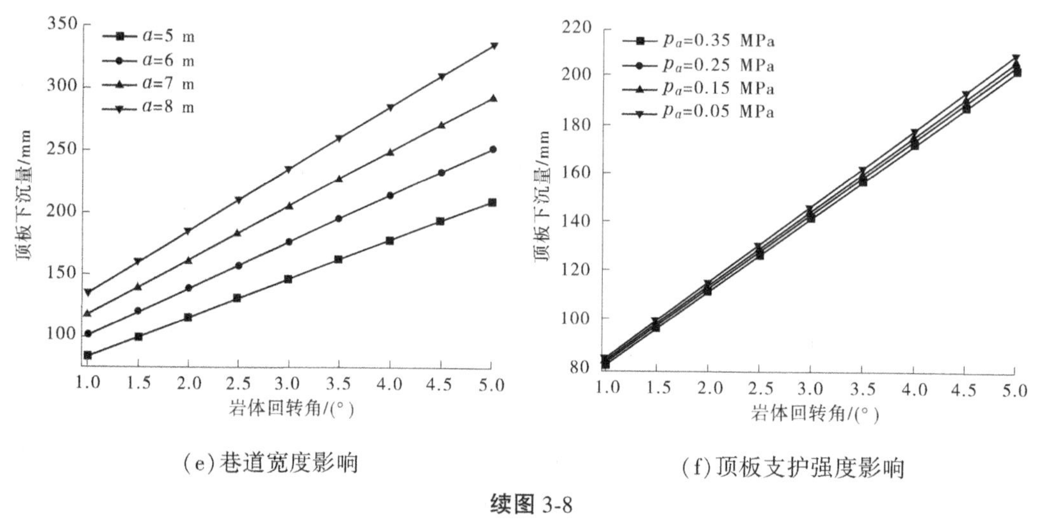

(e)巷道宽度影响　　(f)顶板支护强度影响

续图 3-8

由图 3-8(a)可知,顶板下沉量与岩体回转角呈线性关系,两者之间满足关系式:

$$y = 31.299\,1\theta + 53.036\,5 \tag{3-35}$$

随着岩体回转角增大,巷道顶板下沉量线性增加;岩体回转角为 1°时,巷道顶板下沉量为 84.3 mm;岩体回转角为 5°时,巷道顶板下沉量为 209.5 mm。

同样,岩体回转角发生变化时,巷道顶板下沉量受矸石作用阻力、直接顶弹性模量和厚度、巷道宽度及顶板支护强度影响也不同。岩体回转角较小时,巷道顶板下沉量在矸石作用阻力、直接顶弹性模量和厚度、巷道宽度及顶板支护强度影响下缓慢增加;随岩体回转角不断增大,巷道顶板下沉量在矸石作用阻力、直接顶弹性模量和厚度、巷道宽度及顶板支护强度影响下快速增加。因此,应通过采取合理的预裂切顶参数切落充满采空区高度的岩层,增大矸石对高位顶板岩梁的支撑载荷以便其减小下沉回转空间,有利于减小低位岩体的回转角,减小巷道顶板的下沉量。

(2)多因素耦合影响下矸石作用阻力与巷道顶板下沉量的对应关系。

将相应参数代入式(3-26)进行计算,改变岩体回转角、直接顶弹性模量和厚度、巷道宽度及顶板支护强度,巷道顶板下沉量与矸石作用阻力之间的对应关系如图 3-9 所示。

由图 3-9(a)可知,顶板下沉量与矸石作用阻力呈线性关系,两者之间满足以下关系式:

$$y = 26.179\,9q_{s'} + 144.292\,5 \tag{3-36}$$

随矸石作用阻力增大,顶板下沉量线性增加;矸石作用阻力为 0.1 MPa 时,巷道顶板下沉量为 146.9 mm;矸石作用阻力为 0.7 MPa 时,巷道顶板下沉量为 162.6 mm。

同样,矸石作用阻力发生变化时,巷道顶板下沉量受岩体回转角、直接顶弹性模量和厚度、巷道宽度及顶板支护强度影响也不同。矸石作用阻力较小时,巷道顶板下沉量在岩体回转角、直接顶弹性模量和厚度、巷道宽度及顶板支护强度影响下缓慢增加;随矸石作用阻力不断增大,巷道顶板下沉量在岩体回转角、直接顶弹性模量和厚度、巷道宽度及顶板支护强度影响下快速增加。因此,应通过采取合理的设计参数提高切顶质量,降低采空区垮落矸石对顶板的作用阻力,减小巷道顶板的下沉量。

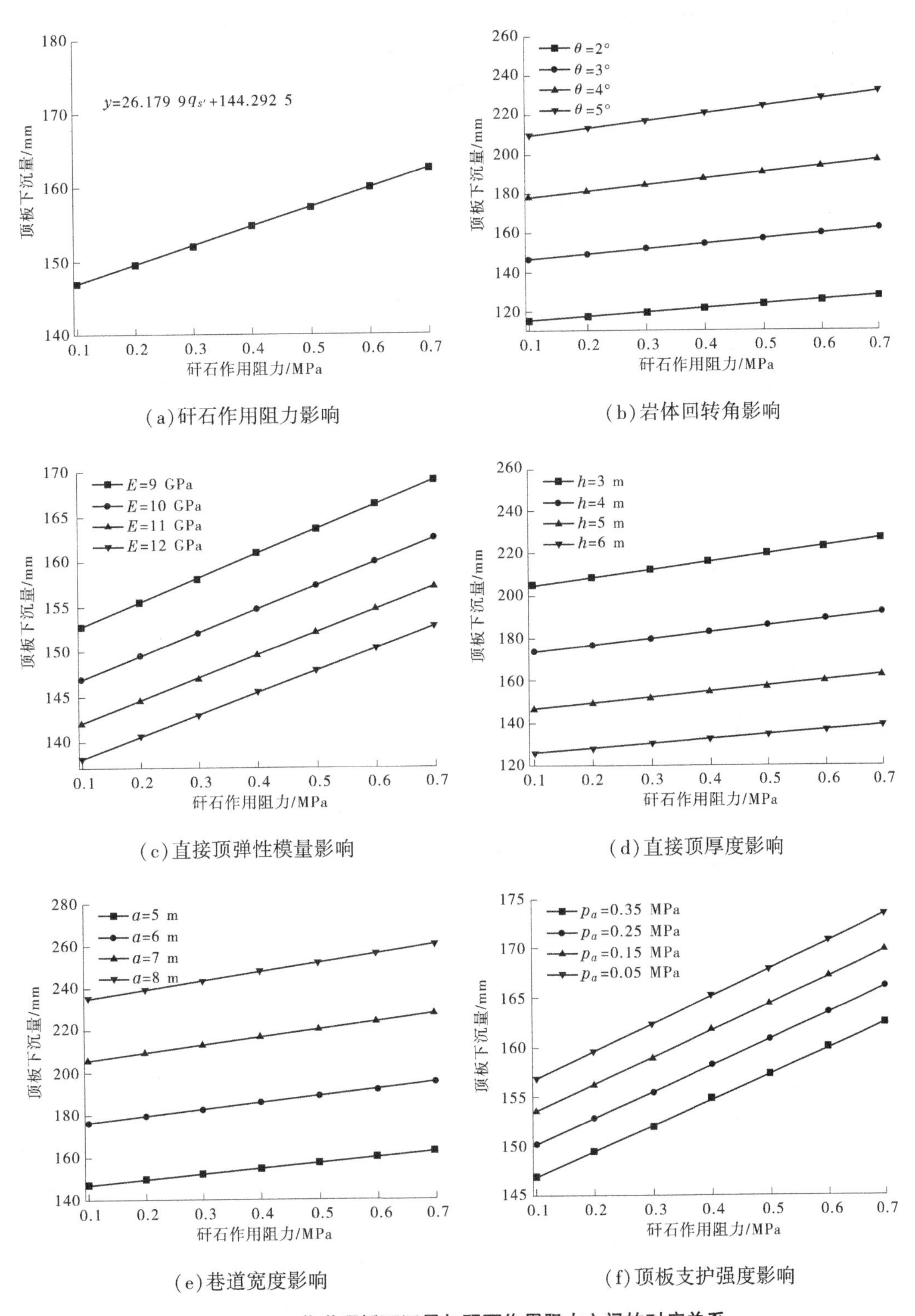

(a)矸石作用阻力影响　(b)岩体回转角影响

(c)直接顶弹性模量影响　(d)直接顶厚度影响

(e)巷道宽度影响　(f)顶板支护强度影响

图3-9　巷道顶板下沉量与矸石作用阻力之间的对应关系

（3）多因素耦合影响下直接顶弹性模量与巷道顶板下沉量的对应关系。

将相应参数代入式(3-26)进行计算，改变岩体回转角、矸石作用阻力、直接顶厚度、巷道宽度及顶板支护强度，巷道顶板下沉量与直接顶弹性模量之间的对应关系如图3-10所示。

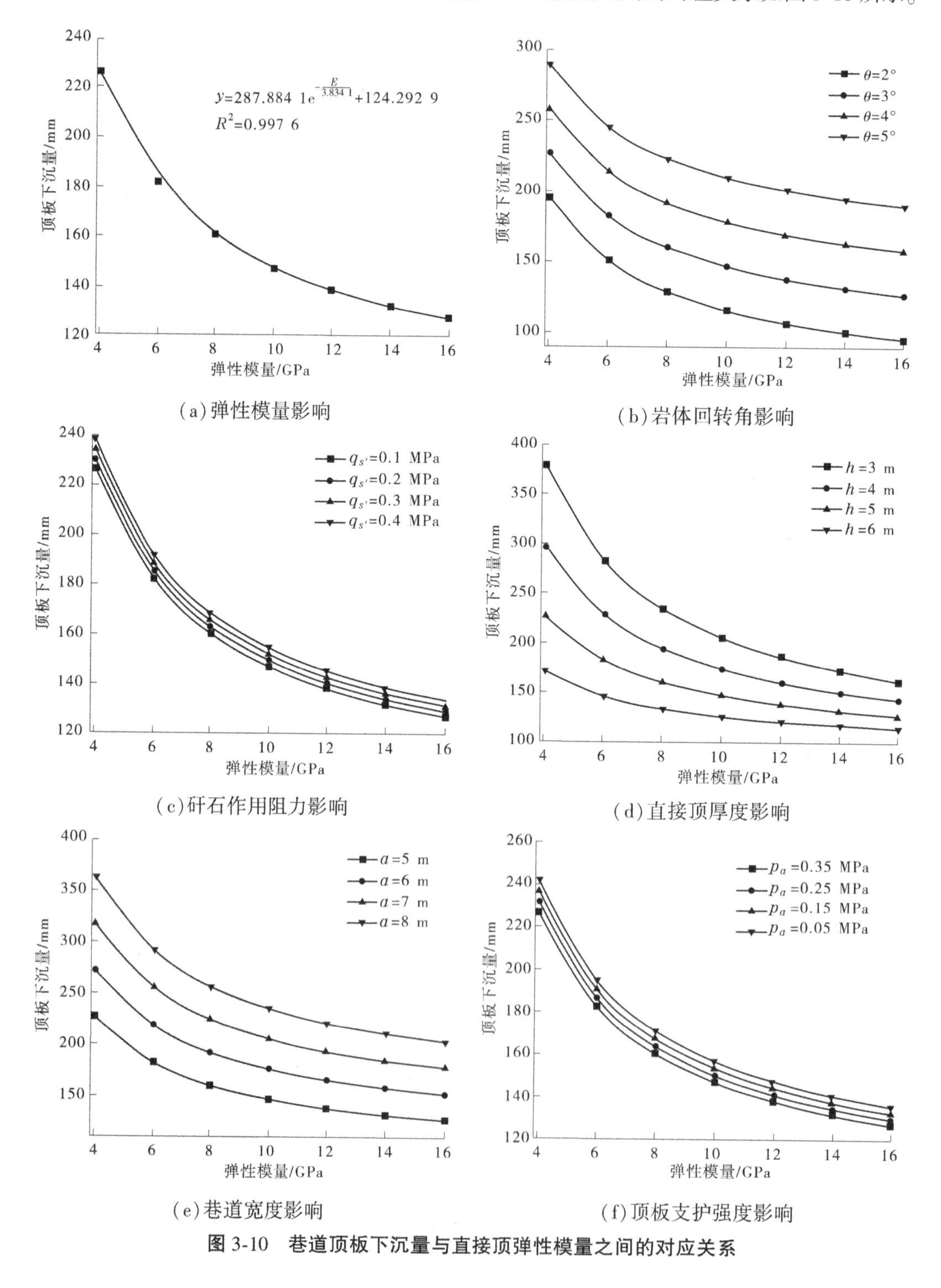

图3-10　巷道顶板下沉量与直接顶弹性模量之间的对应关系

由图3-10(a)可知,顶板下沉量与直接顶弹性模量呈指数关系,两者之间满足关系式:

$$y = 287.8841e^{-\frac{E}{3.8341}} + 124.2929, R^2 = 0.9976 \tag{3-37}$$

当直接顶弹性模量小于10 GPa时,随弹性模量增大,巷道顶板下沉量降低较快,这表明随弹性模量增大,顶板吸收变形的能力增强;当直接顶弹性模量超过10 GPa时,随着弹性模量的增大,巷道顶板变形降低幅度变慢,这表明弹性模量对顶板下沉量影响逐渐减弱,若继续增大弹性模量则顶板下沉量并不能有效降低。

同样,直接顶弹性模量发生变化时,巷道顶板下沉量受岩体回转角、矸石作用阻力、直接顶厚度、巷道宽度及顶板支护强度影响也不同。直接顶弹性模量较小时,巷道顶板下沉量在岩体回转角、矸石作用阻力、直接顶厚度、巷道宽度及顶板支护强度影响下快速减小;随着直接顶弹性模量的不断增大,巷道顶板下沉量在岩体回转角、矸石作用阻力、直接顶厚度、巷道宽度及顶板支护强度影响下缓慢减小。

(4)多因素耦合影响下直接顶厚度与巷道顶板下沉量的对应关系。

将相应参数代入式(3-26)进行计算,改变岩体回转角、矸石作用阻力、直接顶弹性模量、巷道宽度及顶板支护强度,巷道顶板下沉量与直接顶厚度之间的对应关系如图3-11所示。

由图3-11(a)可知,顶板下沉量与直接顶厚度呈二次函数关系,两者之间满足关系式:

$$y = 3.4618h^2 - 57.0246h + 344.7285, R^2 = 0.9998 \tag{3-38}$$

随直接顶厚度增大,巷道顶板下沉量减小;直接顶厚度为2 m时,巷道顶板下沉量为244.5 mm;直接顶厚度为8 m时,巷道顶板下沉量为110.1 mm。随着直接顶厚度的增加,采空区顶板在预裂切顶作用下垮落更加充分,切落矸石的碎胀充填程度增大,能够较好地充满采空区,进一步控制高位顶板岩梁弯曲下沉,从而减小顶板下沉量。

同样,直接顶厚度发生变化时,巷道顶板下沉量受岩体回转角、矸石作用阻力、直接顶弹性模量、巷道宽度及顶板支护强度的影响也不同。直接顶厚度较小时,巷道顶板下沉量在岩体回转角、矸石作用阻力、直接顶弹性模量、巷道宽度及顶板支护强度影响下快速减小;随着直接顶厚度的不断增大,巷道顶板下沉量在岩体回转角、矸石作用阻力、直接顶弹性模量、巷道宽度及顶板支护强度影响下缓慢减小。

(5)多因素耦合影响下巷道宽度与顶板下沉量的对应关系。

将相应参数代入式(3-26)进行计算,改变岩体回转角、矸石作用阻力、直接顶弹性模量和厚度及顶板支护强度,顶板下沉量随巷道宽度的变化规律如图3-12所示。

由图3-12(a)可知,顶板下沉量与巷道宽度呈线性关系,两者之间满足关系式:

$$y = 29.3880a - 0.0065 \tag{3-39}$$

随着巷道宽度的增大,顶板下沉量线性增加;巷道宽度为5 m时,顶板下沉量为146.9 mm;巷道宽度为8 m时,顶板下沉量为235.1 mm,巷道宽度增大容易导致顶板岩层离层和弯曲下沉,巷道顶板下沉量增加。

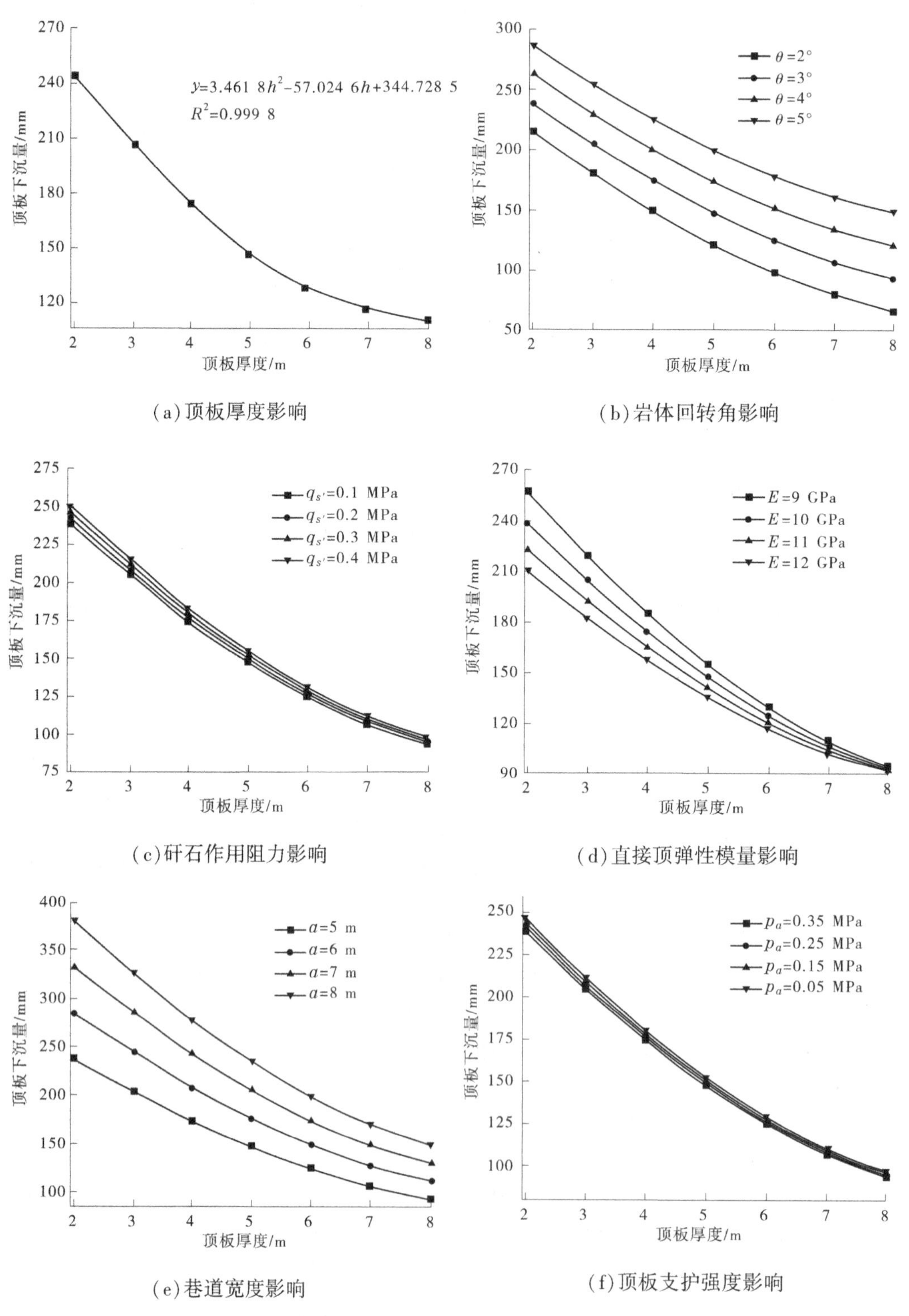

(a) 顶板厚度影响

(b) 岩体回转角影响

(c) 矸石作用阻力影响

(d) 直接顶弹性模量影响

(e) 巷道宽度影响

(f) 顶板支护强度影响

图 3-11　巷道顶板下沉量与直接顶厚度之间的对应关系

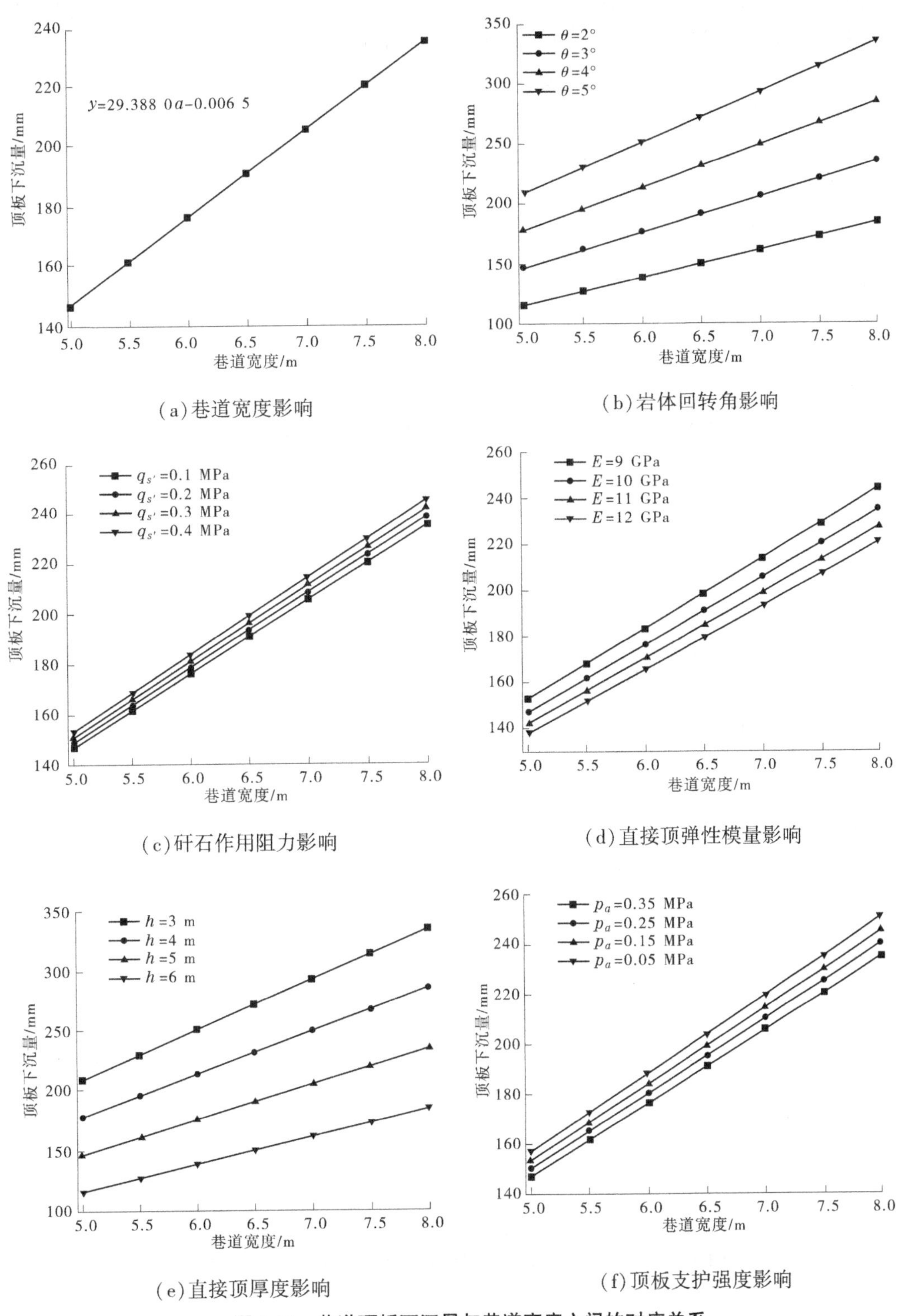

(a) 巷道宽度影响

(b) 岩体回转角影响

(c) 矸石作用阻力影响

(d) 直接顶弹性模量影响

(e) 直接顶厚度影响

(f) 顶板支护强度影响

图 3-12　巷道顶板下沉量与巷道宽度之间的对应关系

同样，巷道宽度发生变化时，顶板下沉量受岩体回转角、矸石作用阻力、直接顶弹性模量和厚度、顶板支护强度影响也不同。巷道宽度较小时，顶板下沉量在岩体回转角、矸石作用阻力、直接顶弹性模量和厚度、顶板支护强度影响下缓慢增加；随巷道宽度不断增大，巷道顶板下沉量在岩体回转角、矸石作用阻力、直接顶弹性模量和厚度、顶板支护强度影响下快速增加。因此，在满足巷道通风和运输的情况下，尽量减小巷道宽度，有利于减小巷道顶板的下沉量。

(6)多因素耦合影响下顶板支护强度与顶板下沉量的对应关系。

将相应参数代入式(3-26)进行计算，改变岩体回转角、矸石作用阻力、直接顶弹性模量和厚度及巷道宽度，顶板下沉量与顶板支护强度之间的对应关系如图3-13所示。

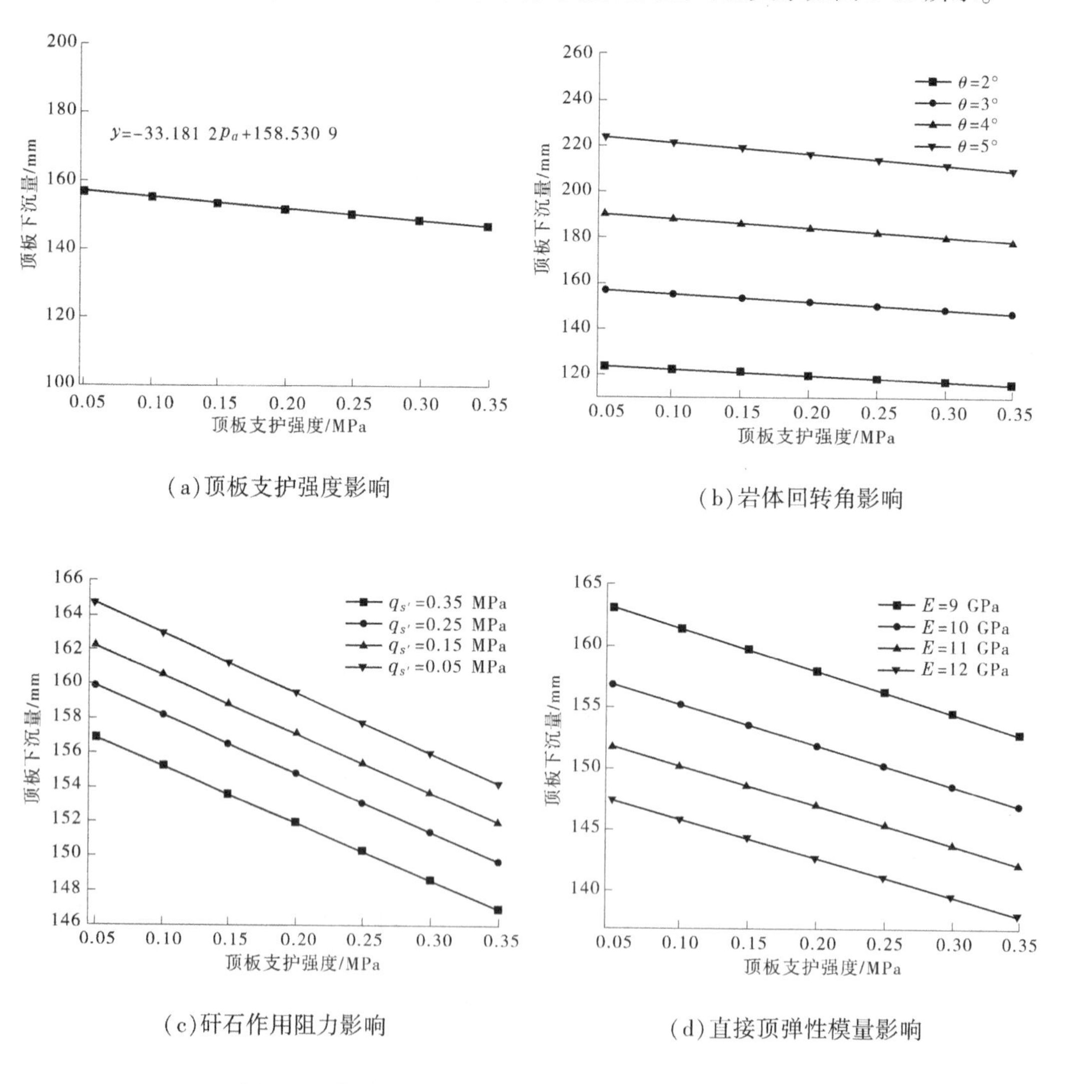

(a)顶板支护强度影响

(b)岩体回转角影响

(c)矸石作用阻力影响

(d)直接顶弹性模量影响

图3-13 巷道顶板下沉量与顶板支护强度之间的对应关系

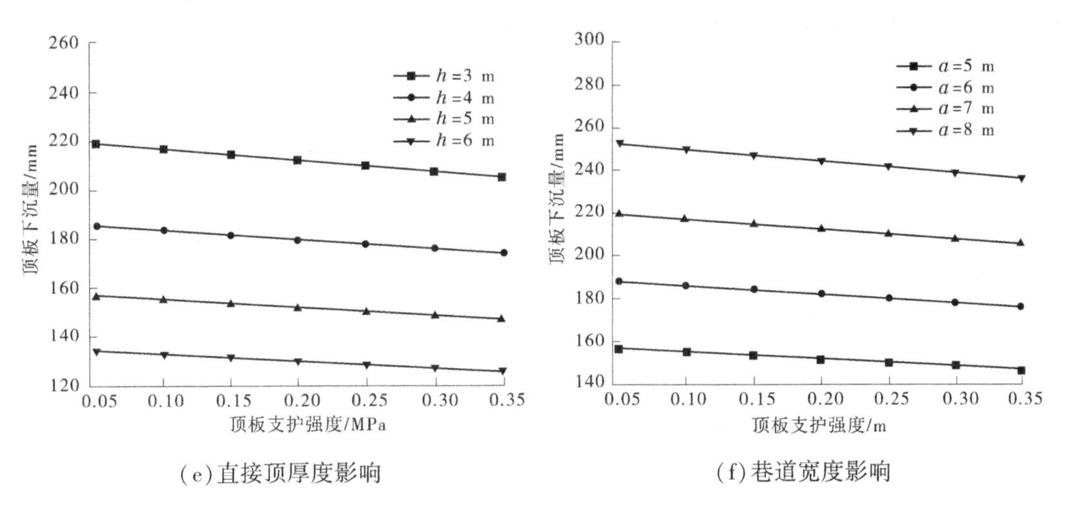

(e)直接顶厚度影响　　(f)巷道宽度影响

续图 3-13

由图3-13(a)可知,顶板下沉量与顶板支护强度呈线性关系,两者之间满足以下关系:

$$y = -33.1812p_a + 158.5309 \tag{3-40}$$

顶板下沉量随支护强度的增大而减小,但减小幅度有限。在力学模型推导过程中,顶板岩体被视为连续均匀的弹性体,忽略了岩体内部的裂隙及离层发育,而顶板支护只是在一定程度上控制岩体裂隙发育和岩层离层的扩展,提高浅部岩体的完整性,持续提高顶板支护强度并不能有效减小巷道顶板下沉量。

同样,顶板支护强度发生变化时,巷道顶板下沉量受岩体回转角、矸石作用阻力、直接顶弹性模量和厚度、巷道宽度的影响程度较弱。因此,当设计巷道顶板支护参数时,增大顶板支护强度对控制岩体破裂变形的扩展有限,需要进一步采取其他控制措施对巷道围岩进行卸压,才有利于减小顶板的下沉量。

综合以上分析,在岩体回转角、矸石作用阻力、直接顶弹性模量和厚度、巷道宽度及顶板支护强度等多因素耦合影响下巷道顶板变形的演化规律总结如下:

(1)巷道顶板下沉量与矸石作用阻力和岩体回转角呈线性关系,与直接顶弹性模量呈指数关系,与直接顶厚度呈二次函数关系,与巷道宽度和顶板支护强度成线性关系。

(2)巷道顶板下沉量随矸石作用阻力、岩体回转角和巷道宽度的增加而增大,随直接顶弹性模量、厚度和顶板支护强度的增加而减小。

(3)巷道宽度对巷道顶板下沉量影响较大。巷道宽度增加容易导致顶板岩层离层和弯曲下沉,巷道顶板下沉量增大。在满足区段巷道正常使用的情况下,尽可能降低巷道宽度,有利于减小顶板下沉量。

(4)顶板支护强度对巷道顶板下沉量影响较弱。持续增大顶板支护强度并不能有效减小巷道顶板下沉量。顶板支护主要抑制围岩浅部岩体破裂变形,进一步阻止顶板岩层离层,保持顶板岩体的完整性。

(5)在巷道宽度、顶板支护强度、直接顶弹性模量和厚度确定的情况下,控制顶板变形可采取合理的预裂切顶参数提高顶板切顶质量,增加采空区破碎矸石的充填空间,增大矸石对高位顶板岩梁的支撑强度，以减小高位顶板岩梁回转下沉给低位岩体施加的载荷，进一步减小巷道顶板的下沉量。

3.4　沿空掘巷煤柱稳定性分析

煤柱宽度是影响煤柱稳定性的重要因素，而煤柱塑性区的变化对于确定煤柱合理宽度和维持巷道围岩的稳定性影响巨大。因此，在高应力沿空掘巷切顶卸压围岩结构体系创建过程中，不仅要最大程度地减小煤柱宽度，而且要尽可能增强煤柱自身的承载能力，提高巷道围岩的稳定性。

3.4.1　掘巷煤柱力学结构模型

与工作面实体煤帮结构不同，煤柱作为沿空巷道与采空区之间的连接体，需要建立承载结构力学模型对其两侧进行分析。如图 3-14 所示，在顶底板的压力作用下，煤柱分别向巷道侧及采空区侧鼓出变形。在巷道内部，巷道侧受到水平支护阻力 p_s，而在采空区侧受到切落矸石岩体的作用阻力 $q_{s'}$；煤层与顶底板之间的剪切应力 τ_{xy} 则用来平衡巷道侧支护阻力与采空区侧切落矸石作用阻力的受力差异。

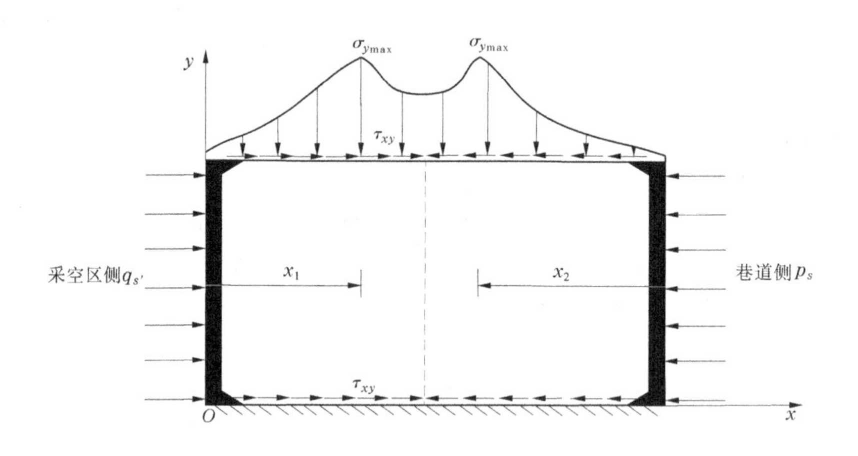

图 3-14　煤柱结构受力分析

图 3-14 中，$\sigma_{y\max}$ 为煤柱的极限承载力，p_s 和 $q_{s'}$ 分别为巷道侧支护阻力及采空区侧切落矸石岩体的作用阻力，τ_{xy} 为煤柱与顶底板之间的剪切应力，x_1 和 x_2 分别为煤柱靠近采空区侧和靠近巷道侧的极限塑性区宽度。

（1）采空区侧煤柱力学模型。

如图 3-15 所示，巷道高度为 h_0，在靠近采空区煤柱一侧极限平衡区内取单元体，则单元体在水平方向的合力为

$$h_0(\sigma_x + \mathrm{d}\sigma_x) - h_0\sigma_x - 2\tau_{xy}\mathrm{d}x = 0 \tag{3-41}$$

煤岩体交界面处，正应力 σ_y 与剪切应力 τ_{xy} 满足以下平衡方程：

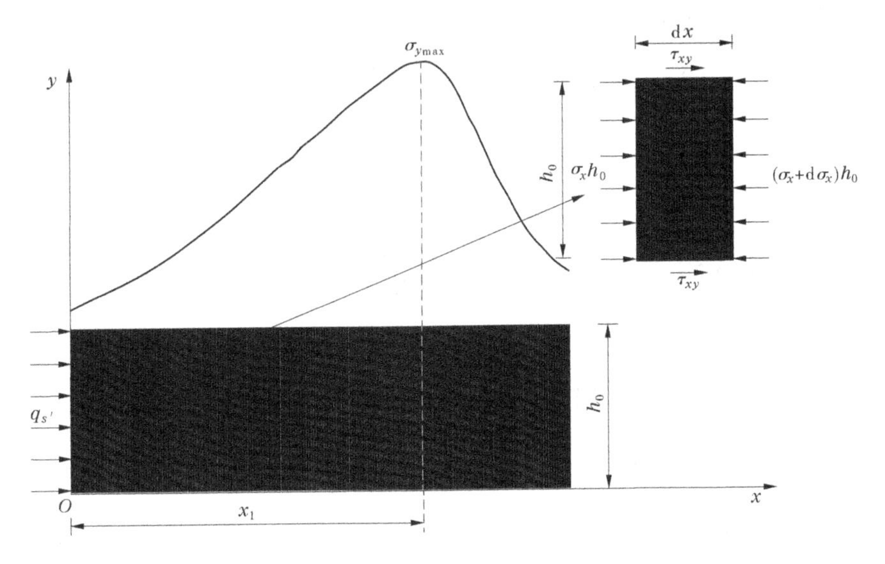

图 3-15　煤柱极限平衡区内单元体受力分析

$$\tau_{xy} = (\sigma_y \tan\varphi + C) \tag{3-42}$$

式中　φ——煤岩体界面内摩擦角，(°)；

C——煤岩体界面黏聚力，MPa。

将式(3-42)代入式(3-41)得

$$d\sigma_x = \frac{2(\sigma_y \tan\varphi + C)dx}{h_0} \tag{3-43}$$

在极限平衡区内，垂直应力和水平应力满足以下公式：

$$\sigma_y = \frac{1+\sin\varphi}{1-\sin\varphi}\sigma_x + \frac{2C\cos\varphi}{1-\sin\varphi} \tag{3-44}$$

对式(3-44)两边求微分：

$$d\sigma_y = \frac{1+\sin\varphi}{1-\sin\varphi}d\sigma_x \tag{3-45}$$

将式(3-45)代入式(3-43)进行化简，得

$$\frac{d\sigma_y}{dx} - \left(\frac{1+\sin\varphi}{1-\sin\varphi}\right)\frac{2\tan\varphi}{h_0}\sigma_y = \left(\frac{1+\sin\varphi}{1-\sin\varphi}\right)\frac{2C}{h_0} \tag{3-46}$$

则

$$\sigma_y = B_0 e^{\frac{2\tan\varphi}{h}x\left(\frac{1+\sin\varphi}{1-\sin\varphi}\right)} - \frac{C}{\tan\varphi} = B_0 e^{\frac{2\zeta\tan\varphi}{h_0}x} - \frac{C}{\tan\varphi} \tag{3-47}$$

式中　B_0——待定系数；

ζ——煤岩体流变系数，$\zeta = \dfrac{1+\sin\varphi}{1-\sin\varphi}$。

在极限平衡区内，x 方向的合力可用式(3-48)表示：

$$h_0\lambda\sigma_y - 2\int_0^x \tau_{xy}dx - q_{s'}h_0 = 0 \tag{3-48}$$

将式(3-47)代入式(3-48)则得出式(3-49):

$$\int_0^x \tau_{xy}\mathrm{d}x = \frac{h_0\lambda}{2}\left(B_0 e^{\frac{2\zeta\tan\varphi}{h_0}x} - \frac{C}{\tan\varphi}\right) - \frac{q_{s'}h_0}{2} \tag{3-49}$$

将式(3-42)和式(3-47)代入式(3-49)得:

$$\int_0^x \tau_{xy}\mathrm{d}x = \int_0^x (\sigma_y \tan\varphi + C)\mathrm{d}x = \frac{B_0\zeta h_0}{2}(e^{\frac{2\zeta\tan\varphi}{h_0}x} - 1) \tag{3-50}$$

将式(3-49)和式(3-50)相等,则可得待定系数 B_0,并代入式(3-47)化简得:

$$\sigma_y = \left(\frac{C}{\tan\varphi} + \zeta q_{s'}\right) e^{\frac{2\zeta\tan\varphi}{h_0}x} - \frac{C}{\tan\varphi} \tag{3-51}$$

当 x 等于极限塑性区宽度 x_1 时,垂直应力 σ_y 达到极值 σ_{ymax}。

$$\sigma_y = \left(\frac{C}{\tan\varphi} + \zeta q_{s'}\right) e^{\frac{2\zeta\tan\varphi}{h_0}x_1} - \frac{C}{\tan\varphi} = \sigma_{ymax} \tag{3-52}$$

因此,靠近采空区侧煤柱的极限塑性区宽度为

$$x_1 = \frac{h_0 \cot\varphi}{2\zeta}\ln\left(\frac{\sigma_{ymax} + C\cot\varphi}{\zeta q_{s'} + C\cot\varphi}\right) \tag{3-53}$$

采空区侧煤柱极限平衡区内垂直应力和塑性区宽度表达式分别为

$$\begin{cases}\sigma_y = (C\cot\varphi + \zeta q_{s'})e^{\frac{2\zeta\tan\varphi}{h_0}x} - C\cot\varphi \\ x_1 = \dfrac{h_0\cot\varphi}{2\zeta}\ln\left(\dfrac{\sigma_{ymax} + C\cot\varphi}{\zeta q_{s'} + C\cot\varphi}\right)\end{cases} \tag{3-54}$$

(2)靠近巷道侧煤柱力学模型。

巷道侧煤柱力学模型与采空区侧煤柱力学模型求解步骤相似,利用采空区侧煤柱力学模型的计算结果,p_s 为巷道侧煤柱帮的支护阻力,则可以获得巷道侧煤柱极限平衡区内的垂直应力和极限塑性区宽度表达式:

$$\begin{cases}\sigma_y = (C\cot\varphi + \zeta p_s)e^{\frac{2\zeta\tan\varphi}{h_0}x} - C\cot\varphi \\ x_2 = \dfrac{h_0\cot\varphi}{2\zeta}\ln(\dfrac{\sigma_{ymax} + C\cot\varphi}{\zeta p_s + C\cot\varphi})\end{cases} \tag{3-55}$$

(3)煤柱宽度的确定。

煤柱在顶底板压力作用下,两边缘侧的煤体阻止其核心部分继续向煤柱外侧变形鼓出。针对这一变形约束现象,吴立新教授通过研究后发现煤体单轴抗压强度对煤柱的极限承载力有重要影响,并提出了煤柱极限承载力计算公式:

$$\sigma_{ymax} = 2.729(\zeta\sigma_c)^{0.729} \tag{3-56}$$

式中 ζ ——煤岩体流变系数;

σ_c ——煤岩体单轴抗压强度,MPa。

根据式(3-54)和式(3-55)分别确定煤柱两侧的极限塑性区宽度,则煤柱的设计宽度应不低于式(3-57)确定的宽度,才能保证煤柱整体的稳定性。

$$
\begin{aligned}
D = x_1 + x_2 &= \frac{h_0 \cot\varphi}{2\zeta}\ln\left[\frac{(\sigma_{y\max} + C\cot\varphi)^2}{(\zeta q_{s'} + C\cot\varphi)(\zeta p_s + C\cot\varphi)}\right] \\
&= \frac{h_0 \cot\varphi}{2\zeta}\ln\left[\frac{[2.729(\xi\sigma_c)^{0.729} + C\cot\varphi]^2}{(\zeta q_{s'} + C\cot\varphi)(\zeta p_s + C\cot\varphi)}\right]
\end{aligned} \tag{3-57}
$$

即当 $D < \frac{h_0\cot\varphi}{2\zeta}\ln\left\{\frac{[2.729(\xi\sigma_c)^{0.729} + C\cot\varphi]^2}{(\zeta q_{s'} + C\cot\varphi)(\zeta p_s + C\cot\varphi)}\right\}$ 时，煤柱处于失稳破坏状态；

当 $D = \frac{h_0\cot\varphi}{2\zeta}\ln\left\{\frac{[2.729(\xi\sigma_c)^{0.729} + C\cot\varphi]^2}{(\zeta q_{s'} + C\cot\varphi)(\zeta p_s + C\cot\varphi)}\right\}$ 时，煤柱处于极限稳定状态；

当 $D > \frac{h_0\cot\varphi}{2\zeta}\ln\left\{\frac{[2.729(\xi\sigma_c)^{0.729} + C\cot\varphi]^2}{(\zeta q_{s'} + C\cot\varphi)(\zeta p_s + C\cot\varphi)}\right\}$ 时，煤柱处于稳定状态。

3.4.2　煤柱塑性区宽度与各影响因素关系

为了探讨多因素影响下煤柱塑性区的分布形态，采用式(3-57)对影响煤柱塑性区宽度的各个因素进行耦合分析。结合矿井工程地质条件，相关参数设置如下：煤层界面内摩擦角 $\varphi=20°$、黏聚力 $C=0.7$ MPa，煤体单轴抗压强度 $\sigma_c=12$ MPa、泊松比 $\mu=0.32$，煤体流变系数 $\zeta=0.6$，靠近巷道侧煤柱支护阻力 $p_s=0.1$ MPa，靠近采空区侧矸石作用阻力 $q_{s'}=0.1$ MPa，巷道高度 $h_0=3.5$ m。将相关参数代入式(3-57)，可获得煤柱塑性区宽度为9.2 m。同时，在保持其他参数不变的条件下，改变巷道高度、矸石作用阻力、煤体流变系数及煤层界面内摩擦角，分析煤柱塑性区宽度的演化规律。

(1)多因素耦合影响下煤柱塑性区宽度与巷道高度的对应关系。

将相应参数代入式(3-57)进行计算，改变矸石作用阻力、煤体流变系数和煤层界面内摩擦角，煤柱塑性区宽度与巷道高度之间的对应关系如图3-16所示。

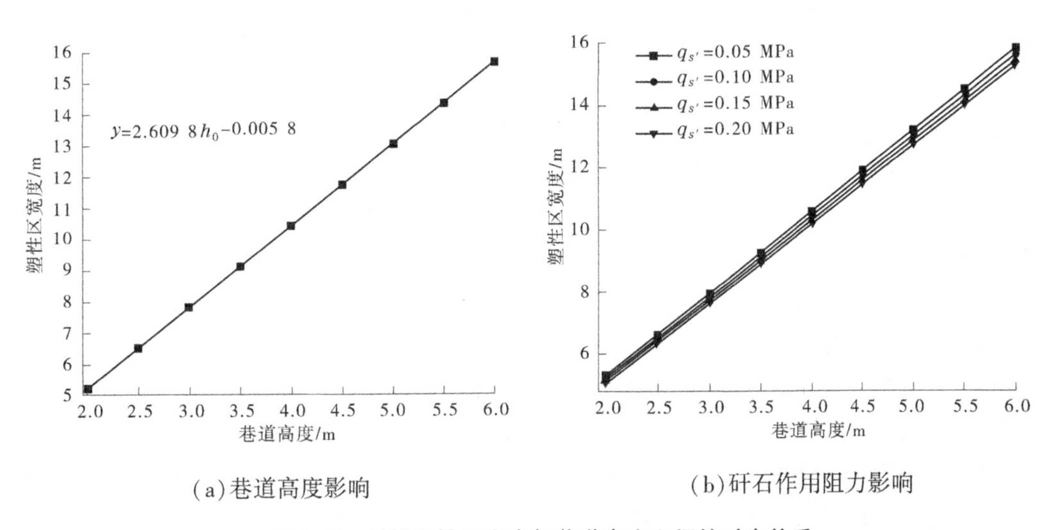

图3-16　煤柱塑性区宽度与巷道高度之间的对应关系

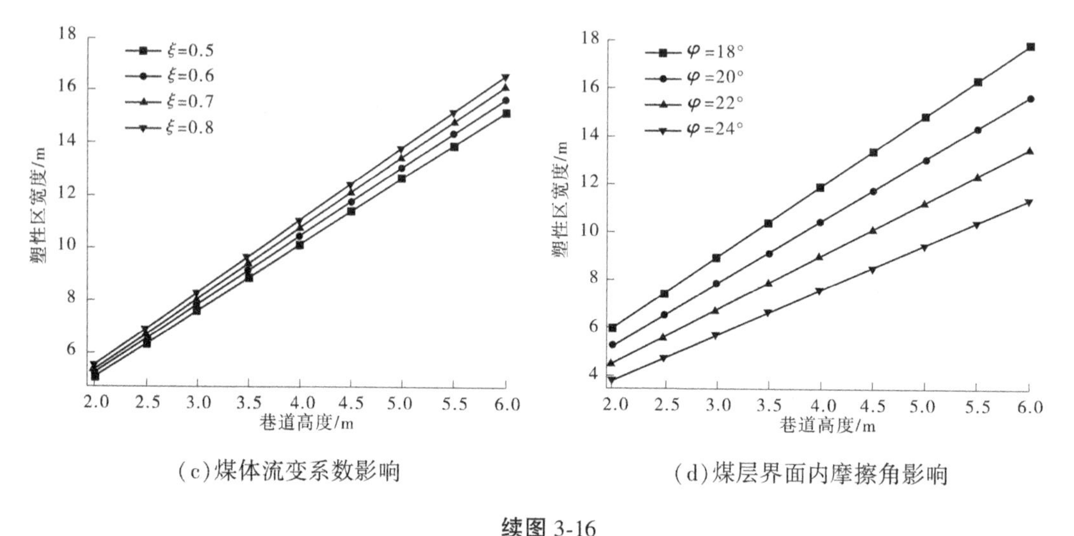

(c)煤体流变系数影响　　(d)煤层界面内摩擦角影响

续图 3-16

由图 3-16(a)可知,煤柱塑性区宽度与巷道高度呈线性关系,两者之间满足以下关系:

$$y = 2.6098h_0 - 0.0058 \tag{3-58}$$

随着巷道高度的增大,煤柱塑性区宽度线性增加;巷道高度为 2 m 时,煤柱塑性区宽度为 5.2 m;巷道高度为 6 m 时,煤柱塑性区宽度为 15.7 m,煤柱塑性区宽度增加幅度较大,可见巷道高度对煤柱塑性区宽度影响较大。

同样,巷道高度发生变化时,煤柱塑性区宽度受矸石作用阻力、煤体流变系数及煤层界面内摩擦角影响也不同。巷道高度较小时,煤柱塑性区宽度在矸石作用阻力、煤体流变系数及煤层界面内摩擦角影响下缓慢增加;随巷道高度不断增大,煤柱塑性区宽度在矸石作用阻力、煤体流变系数及煤层界面内摩擦角影响下快速增加。因此,在满足区段巷道正常使用的情况下,尽可能降低巷道高度,有利于减小煤柱塑性区宽度,提高整个煤柱的稳定性。

(2)多因素耦合影响下煤柱塑性区宽度与矸石作用阻力的对应关系。

将相应参数代入式(3-57)进行计算,改变巷道高度、煤体流变系数和煤层界面内摩擦角,煤柱塑性区宽度与矸石作用阻力之间的对应关系如图 3-17 所示。

由图 3-17(a)可知,煤柱塑性区宽度与采空区矸石作用阻力呈指数型关系,两者之间满足关系式:

$$y = 2.7992e^{-0.8886q_{s'}} + 6.5668, R^2 = 0.9999 \tag{3-59}$$

随采空区矸石作用阻力增加,煤柱塑性区宽度减少;当矸石作用阻力为 0.05 MPa,煤柱塑性区宽度为 9.2 m;当矸石作用阻力为 0.5 MPa,煤柱塑性区宽度为 8.4 m。

同样,矸石作用阻力发生变化时,煤柱塑性区宽度受巷道高度、煤体流变系数及煤层界面内摩擦角影响也不同。矸石作用阻力较小时,煤柱塑性区宽度在巷道高度、煤体流变系数及煤层界面内摩擦角影响下快速减小;随矸石作用阻力不断增大,煤柱塑性区宽度在巷道高度、煤体流变系数及煤层界面内摩擦角影响下缓慢减小。因此,可通过提高切顶质

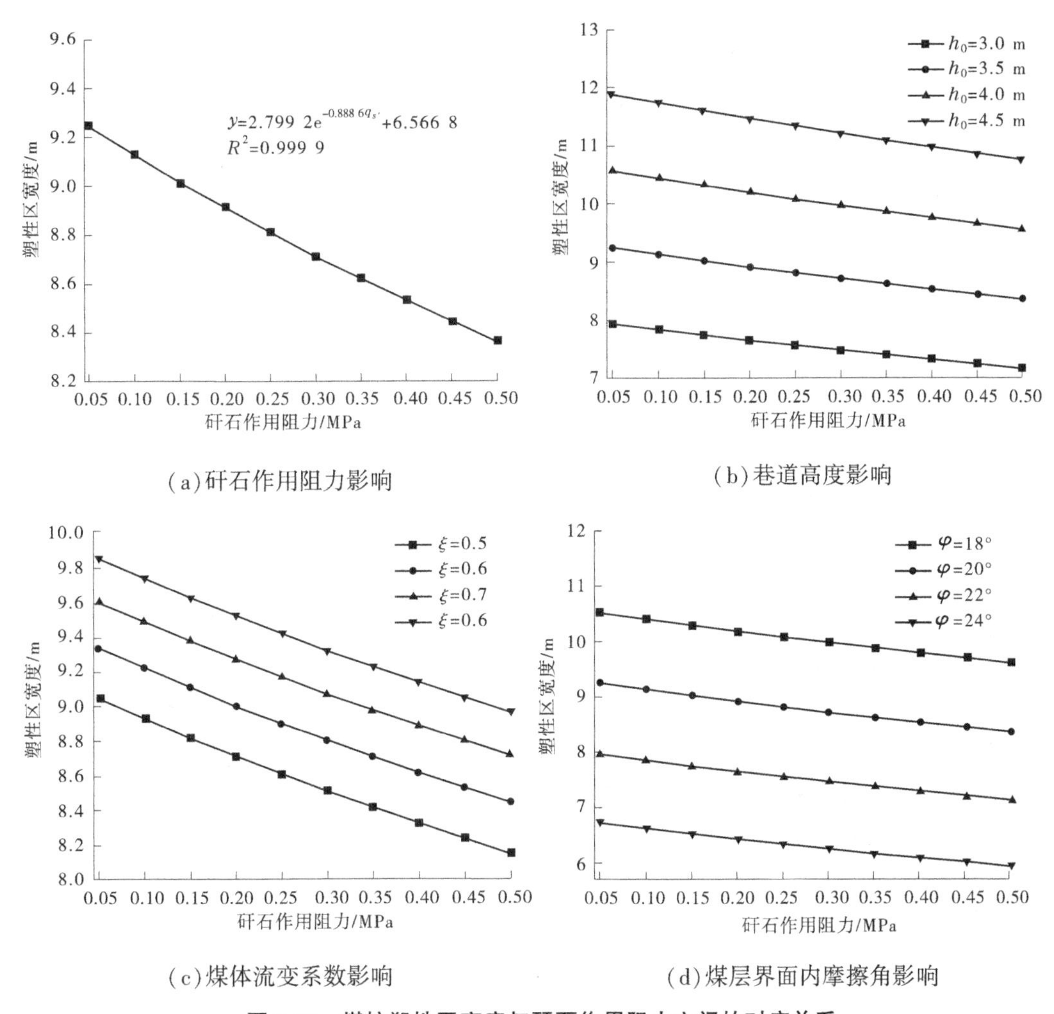

(a)矸石作用阻力影响　(b)巷道高度影响

(c)煤体流变系数影响　(d)煤层界面内摩擦角影响

图3-17　煤柱塑性区宽度与矸石作用阻力之间的对应关系

量使采空区破断岩体的垮落更加充分，增大矸石对煤柱的作用阻力，有利于减小煤柱塑性区宽度，提高整个煤柱的稳定性。

(3)多因素耦合影响下煤柱塑性区宽度与煤体流变系数的对应关系。

将相应参数代入式(3-57)进行计算，改变巷道高度、矸石作用阻力和煤层界面内摩擦角，煤柱塑性区宽度与煤体流变系数之间的对应关系如图3-18所示。

由图3-18(a)可知，煤柱塑性区宽度与煤体流变系数呈指数型关系，两者之间满足以下关系：

$$y = -8.438\ 5e^{-\frac{\xi}{12.385\ 1}} + 12.601\ 3, R^2 = 0.999\ 8 \tag{3-60}$$

随着煤体流变系数增大，煤柱塑性区宽度指数型增加；煤体流变系数为0.2时，煤柱塑性区宽度为8 m；煤体流变系数为0.9时，煤柱塑性区宽度为9.8 m，相同覆岩载荷作用下，煤体流变系数越高，煤柱越容易发生长期变形，其相应的煤柱塑性区宽度也越大。

同样，煤体流变系数发生变化时，煤柱塑性区宽度受巷道高度、矸石作用阻力及煤层

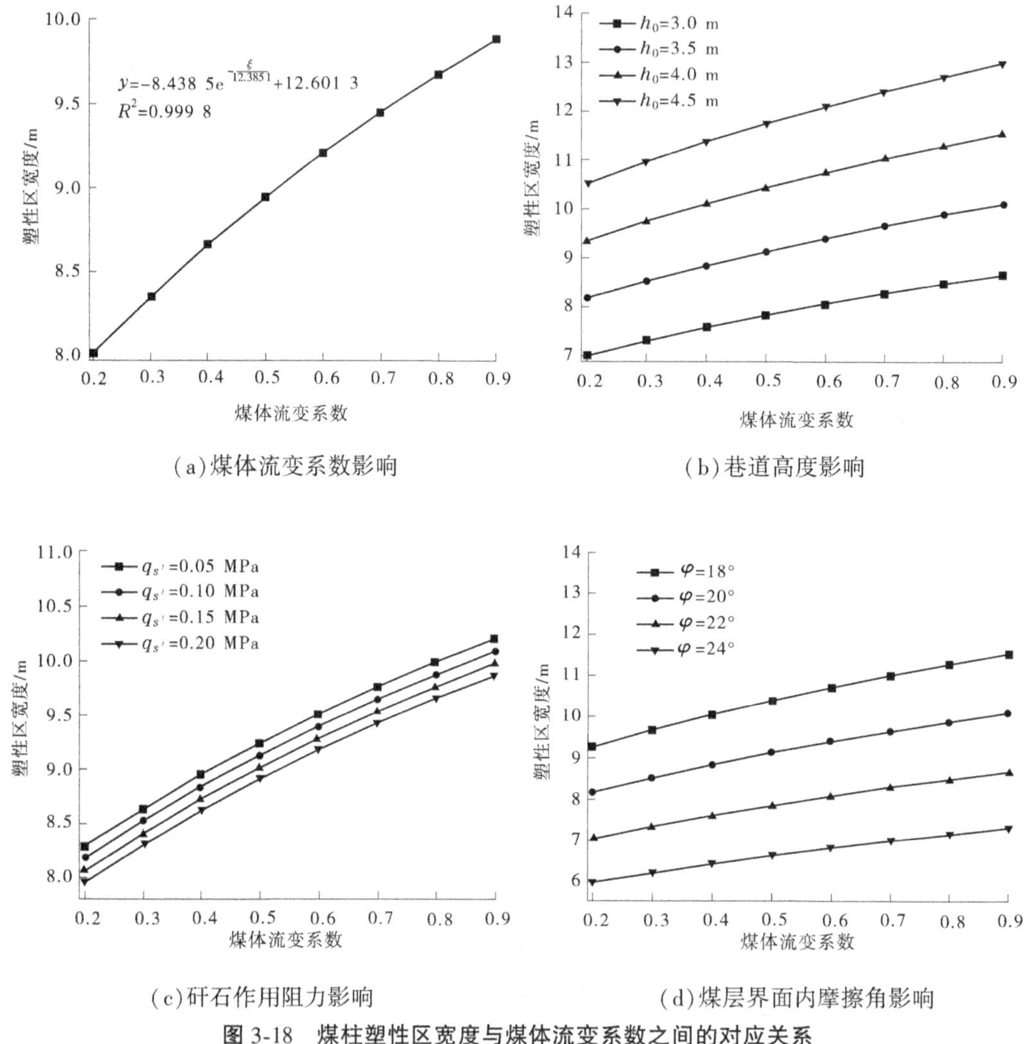

(a)煤体流变系数影响　(b)巷道高度影响

(c)矸石作用阻力影响　(d)煤层界面内摩擦角影响

图 3-18　煤柱塑性区宽度与煤体流变系数之间的对应关系

界面内摩擦角影响也不同。煤体流变系数较小时,煤柱塑性区宽度在巷道高度、矸石作用阻力及煤层界面内摩擦角影响下缓慢增加;随着煤体流变系数的不断增大,煤柱塑性区宽度在巷道高度、矸石作用阻力及煤层界面内摩擦角影响下快速增加。

(4)多因素耦合影响下煤柱塑性区宽度与煤层界面内摩擦角的对应关系。

将相应参数代入式(3-57)进行计算,改变巷道高度、矸石作用阻力和煤体流变系数,煤柱塑性区宽度与煤层界面内摩擦角之间的对应关系如图 3-19 所示。

由图 3-19(a)可知,煤柱塑性区宽度与煤层界面内摩擦角呈三次函数关系,两者之间满足以下关系:

$$y = 0.000\,1\varphi^3 + 0.011\,5\varphi^2 - 1.224\,4\varphi + 28.202\,7, R^2 = 0.999\,0 \qquad (3\text{-}61)$$

随着煤层界面内摩擦角的增大,煤柱塑性区宽度减小;煤层界面内摩擦角为 18°时,煤柱塑性区宽度为 10.5 m;煤层界面内摩擦角为 32°时,煤柱塑性区宽度为 4.1 m,煤柱塑

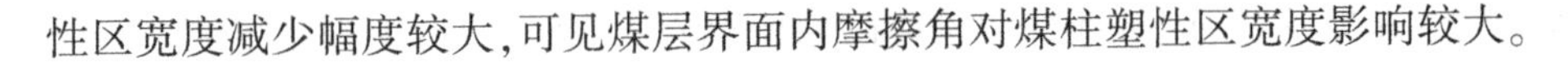

性区宽度减少幅度较大，可见煤层界面内摩擦角对煤柱塑性区宽度影响较大。

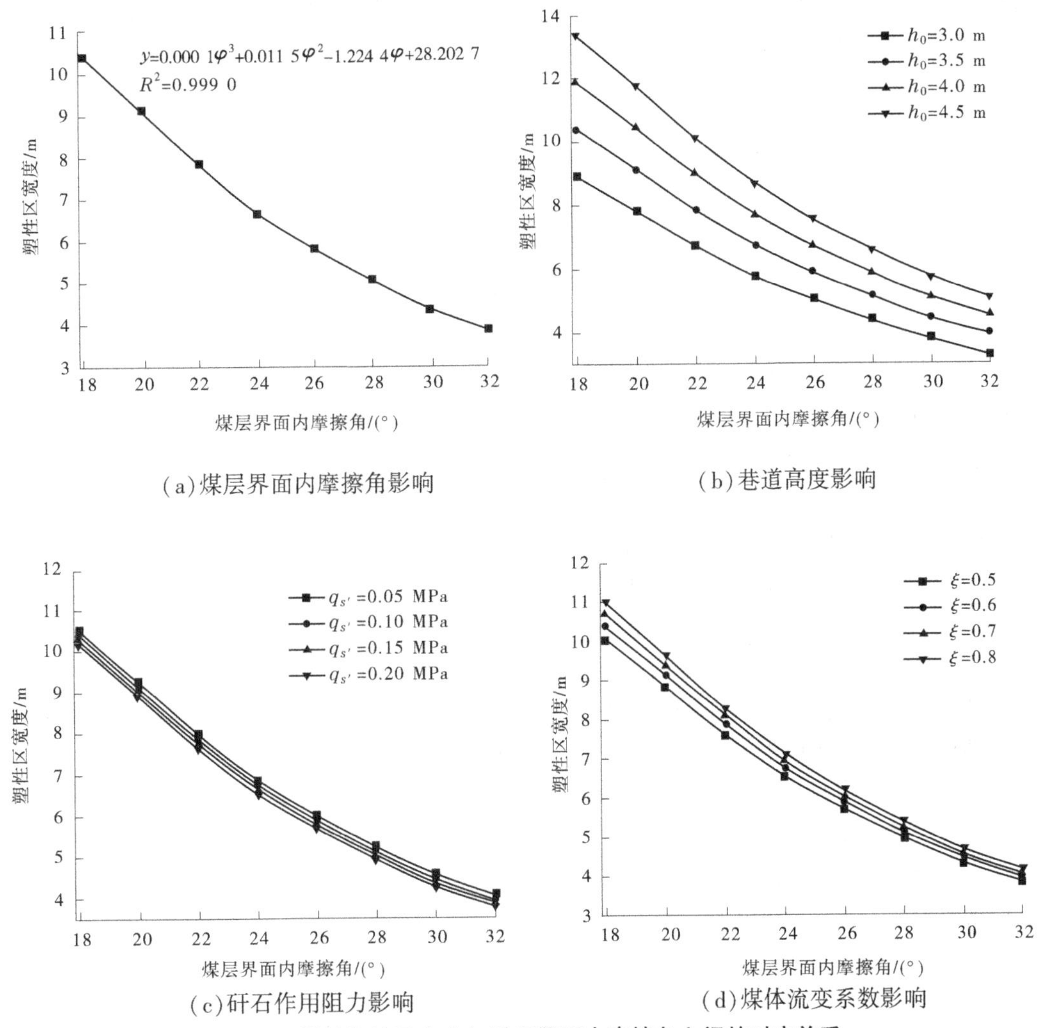

图 3-19　煤柱塑性区宽度与煤层界面内摩擦角之间的对应关系

同样，煤层界面内摩擦角发生变化时，煤柱塑性区宽度受巷道高度、矸石作用阻力及煤体流变系数影响也不同。煤层界面内摩擦角较小时，煤柱塑性区宽度在巷道高度、矸石作用阻力及煤体流变系数影响下快速减小；随着煤层界面内摩擦角的不断增大，煤柱塑性区宽度在巷道高度、矸石作用阻力及煤体流变系数影响下缓慢减小。因此，可通过改变煤层力学特性以增大煤层界面内摩擦角，减小煤柱塑性区宽度，提高整个煤柱的稳定性。

综合以上理论分析，将巷道高度、矸石作用阻力、煤体流变系数和煤层界面内摩擦角等因素对煤柱塑性区宽度的影响规律总结如下：

(1)煤柱内的塑性区宽度与巷道高度呈线性关系，与采空区矸石作用阻力及煤体流变系数呈指数型关系，与煤层界面内摩擦角呈三次函数关系。

(2)随着巷道高度和煤体流变系数的增加，煤柱塑性区宽度增大；随着采空区矸石作用阻力和煤层界面内摩擦角的增加，煤柱塑性区宽度减小。

(3)巷道高度和煤层界面内摩擦角对煤柱塑性区宽度影响较大。因此,在满足区段巷道正常使用的情况下,尽可能降低巷道高度,有利于降低煤柱塑性区发育范围;或者通过改变煤层力学特性以增大煤层界面内摩擦角,有利于减小煤柱塑性区宽度,提高整个煤柱的稳定性。

3.5 本章小结

通过建立切顶后沿空掘巷围岩结构力学分析模型,本章研究了采空区破碎矸石支撑作用下高位顶板岩层结构的弯曲变形特征,揭示了多因素耦合影响下掘巷顶板的位移演化规律,阐述了塑性区宽度对煤柱稳定性的作用机制,得到以下结论:

(1)建立了采空区破碎矸石支撑条件下的高位顶板岩梁力学模型,获得了高位顶板岩层的弯曲变形特征。研究结果表明,采空区切落岩体对高位顶板岩梁的支撑载荷越大,顶板岩梁的弯矩和挠曲变形越小,则高位岩体控制回转下沉的能力越强,低位岩体受扰动程度越弱。悬臂梁长度越短,高位顶板岩梁的弯矩和挠曲变形越小,煤柱侧顶板承担的载荷及给定变形量越小,煤柱的稳定性越强。

(2)构建了巷道直接顶力学分析模型,推导给出了多因素影响下顶板变形规律的解析表达式。通过分析发现,巷道顶板下沉量分别与岩体回转角、矸石作用阻力、巷道宽度和顶板支护强度呈线性关系,与直接顶弹性模量呈指数关系,与直接顶厚度呈二次函数关系。随着岩体回转角、矸石作用阻力和巷道宽度的增大,巷道顶板下沉量增加;随着自接顶弹性模量、厚度和顶板支护强度的增大,巷道顶板下沉量减小。

(3)建立了煤柱承载力学模型,揭示了塑性区宽度与煤柱稳定性的关联性,提出了沿空巷道煤柱宽度设计依据。研究结果表明,随着巷道高度和煤体流变系数的增加,煤柱塑性区宽度增大,煤柱稳定性降低;随着采空区矸石作用阻力和煤层界面内摩擦角的增加,煤柱塑性区宽度减小,煤柱稳定性增强。

第 4 章　沿空掘巷顶板结构预裂切顶效应研究

在高应力沿空掘巷切顶卸压研究过程中，沿空巷道顶板的超前预裂切顶是关键组成部分，合理的切顶参数对围岩结构的稳定性、采空区破断岩体的堆积形态及上覆岩层运移规律具有重要影响。基于理论分析结果，本章通过建立数值模型研究预裂切顶影响下沿空巷道顶板岩层结构的垮落特征，揭示不同切顶参数时围岩应力分布形态及位移演化规律，对比分析沿空掘巷顶板卸压前后围岩稳定性的演化过程，为巷道顶板结构控制及现场预裂卸压技术应用提供指导。

4.1　数值模型建立

岩石类材料多含有节理、裂隙，其表现为较强的非线性力学行为。通用离散元软件 UDEC 常被用于分析深部巷道围岩的破坏状态和强烈的非线性力学现象，也能够模拟岩体的破断、转动和变形。采用 UDEC 软件建模时，岩石类材料通过离散的块体集合体来表示，块体被划分成有限个单元体，且每个单元体根据给定的应力-应变准则，表现为线性或非线性特征，不连续面表征为块体间的边界面，块体可以沿不连续面发生较大位移和转动，能够较好地揭示沿空巷道侧向顶板切落后，掘巷围岩的应力、位移演化规律及上覆顶板岩层的运动特征。因此，本书选择离散元软件 UDEC 进行建模分析。

根据工作面及巷道地质条件，建立相应巷道预裂切顶数值模型，如图 4-1 所示。模型尺寸为 100 m(长)×50 m(高)，主要包括上区段工作面、本区段工作面及相应区段巷道。

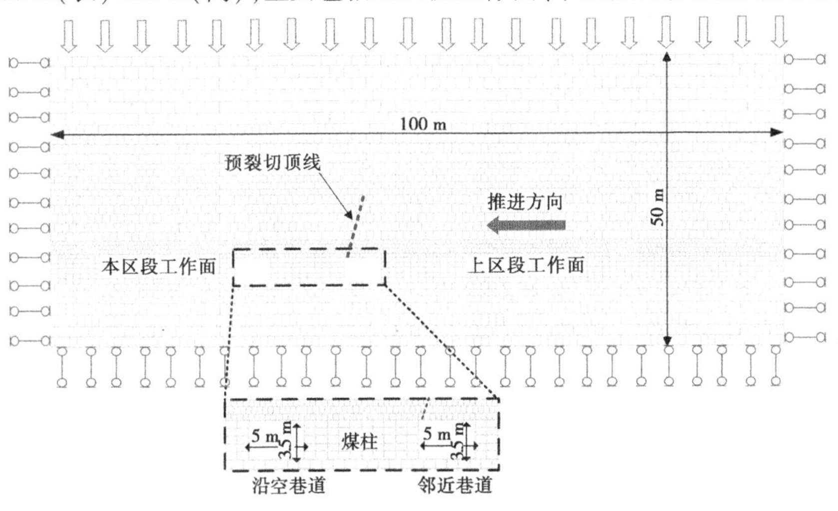

图 4-1　巷道预裂切顶数值模型

巷道宽 5 m、高 3.5 m，两巷道之间的煤柱宽度为 10 m。模型顶部施加等效载荷模拟上覆岩层压力，左右两侧边界水平位移为 0，底部边界垂直位移为 0。建模过程中，岩层和煤层选择 Mohr-Coulomb 本构模型，节理裂隙选择接触面库仑滑移模型，煤（岩）体力学特性参数见表 4-1。采用 UDEC 软件反复模拟煤（岩）体单轴压缩力学特性，直到模拟岩体力学特性参数和室内结果一致，从而获得块体接触特性，UDEC 模型块体及接触力学特性参数见表 4-2。

表 4-1 煤（岩）体力学特性参数

岩性	密度/（kg/m^3）	单轴抗压强度/MPa	弹性模量/GPa	泊松比	黏聚力/MPa	内摩擦角/（°）
细砂岩	2 750	68.8	22.5	0.22	2.6	29
泥岩	1 900	22.1	10.0	0.29	1.4	25
砂质泥岩	2 450	27.8	14.1	0.26	1.8	27
粉砂岩	2 680	47.6	17.8	0.24	2.3	31
泥岩	1 900	22.1	10.0	0.29	1.4	25
煤层	1 600	12.0	1.5	0.32	0.7	20
泥岩	1 900	22.1	10.0	0.29	1.4	25
细砂岩	2 750	68.8	22.5	0.22	2.6	29

表 4-2 UDEC 模型块体及接触力学特性参数

岩性	块体特性		接触特性				
	密度/（kg/m^3）	弹性模量/GPa	k_n/（GPa/m）	k_s/（GPa/m）	C/MPa	φ/（°）	σ_t/MPa
细砂岩	2 750	22.5	286.2	114.5	2.3	31	4.3
泥岩	1 900	10.0	112.4	45	1.2	28	0.7
砂质泥岩	2 450	14.1	187.8	75.1	1.5	30	1.9
粉砂岩	2 680	17.8	215.9	84.2	2.0	31	3.2
泥岩	1 900	10.0	112.4	45	1.2	28	0.7
煤层	1 600	1.5	86.2	34.5	0.5	24	0.4
泥岩	1 900	10.0	112.4	45	1.2	28	0.7
细砂岩	2 750	22.5	286.2	114.5	2.3	31	4.3

巷道顶板岩层预裂切顶关键参数主要包括切顶角度和切顶高度,如图4-2所示。合理的切顶角度和切顶高度不仅有助于采空区顶板的顺利垮落,而且有助于增强沿空巷道围岩的稳定性。通过调整数值模型内预裂切顶线位置实现对岩层预裂切顶关键参数(切顶角度和切顶高度)的模拟,进一步探讨预裂切顶参数改变对沿空巷道顶板结构运动及应力卸压的控制效果。

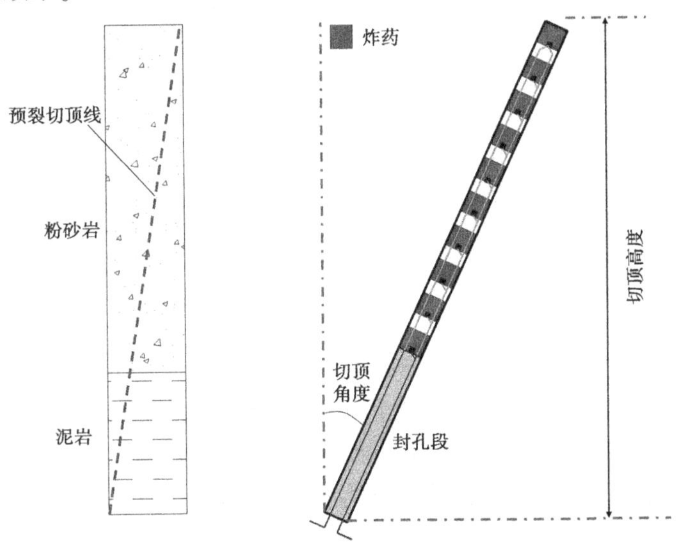

图4-2 顶板预裂爆破关键参数示意

数值模拟顺序如下:①模型建立及岩体初始应力平衡;②上区段工作面巷道开挖及预裂切顶线缝隙创建;③上区段工作面回采;④本区段工作面沿空巷道开挖。

4.2 切顶角度对巷道围岩稳定性的影响

随着工作面的回采,采空区顶板岩层在自重诱导下沿着预裂切顶线破断、滑落。由于预裂结构面摩擦力的存在,采空区顶板在垮落过程中与巷道顶板相互作用,切顶角度改变会导致破断岩体的滑落速度及采空区垮落堆积体对高位岩层的支撑力产生显著差别。为了探究切顶角度变化对沿空掘巷围岩稳定性及覆岩运移规律的影响,模型分别选取了不切顶及切顶角度分别为0°、5°、10°、15°和20°六种方案进行模拟分析。切顶角度为0°,即垂直巷道顶板进行切缝;切顶角度为5°、10°、15°和20°,即预裂切顶线依次向采空区方向倾斜5°、10°、15°和20°进行切顶模拟,如图4-3所示。

4.2.1 切顶角度影响下巷道侧向顶板破断特征

不同切顶角度条件下,沿空巷道侧向顶板的破断形态如图4-4所示。经分析可知,当顶板岩层不切落时,巷道侧向顶板向采空区倾斜一定角度,同时在煤柱上方存在明显的悬顶结构。顶板岩层受到的拉应力超过其抗拉强度,顶板结构在不同位置处发生破断。采空区破断岩体的充填效果较差,不能有效地支撑上部岩层载荷。在悬顶结构的作用下,煤

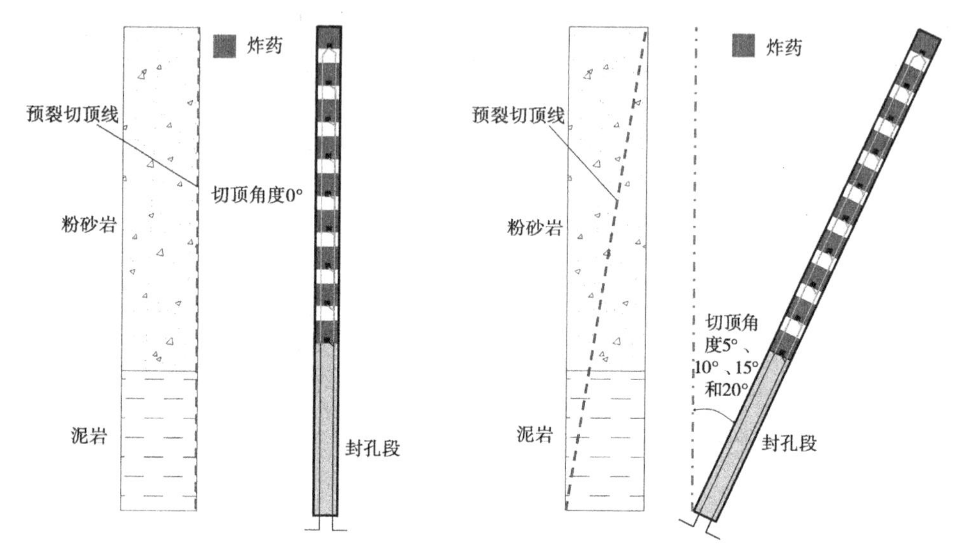

图 4-3　预裂切顶角度模拟方案

柱发生大变形破坏,围岩结构失去稳定性。当切顶角度分别为 0°和 5°时,由于切顶结构面存在较大的摩擦阻力,巷道侧向顶板不能沿着切顶线顺利滑落,破断岩体垮落不充分且切缝外侧岩体将部分压力作用于内侧未垮落岩体,顶板卸压效果减弱。

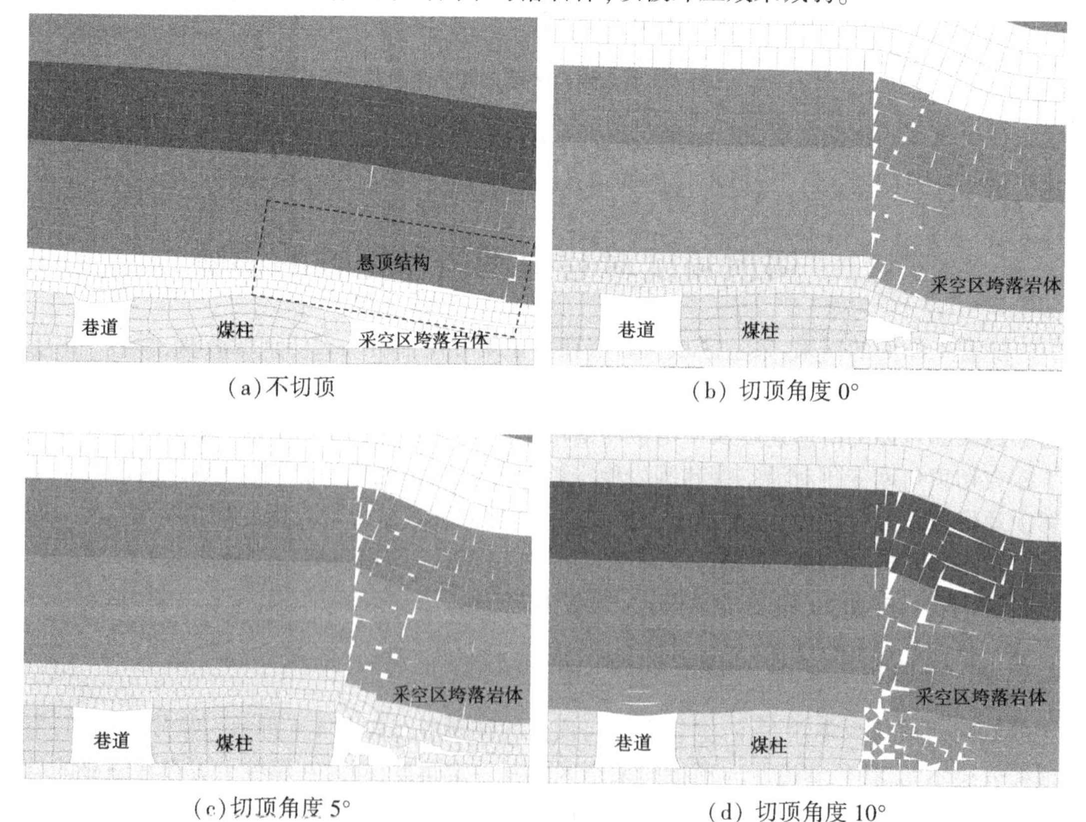

(a)不切顶　　(b) 切顶角度 0°

(c)切顶角度 5°　　(d) 切顶角度 10°

图 4-4　切顶角度变化时巷道侧向顶板的破断形态

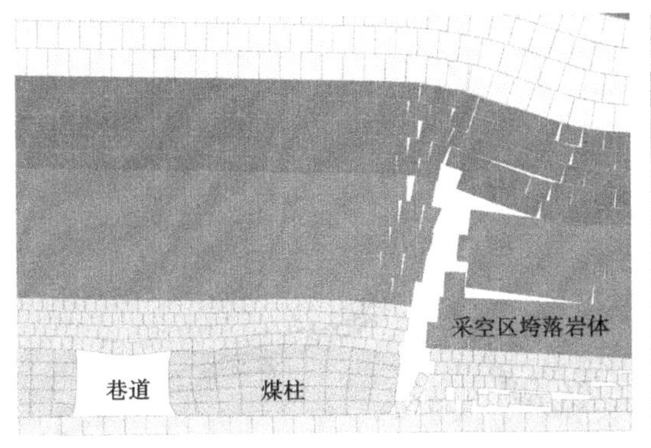

(e)切顶角度15°

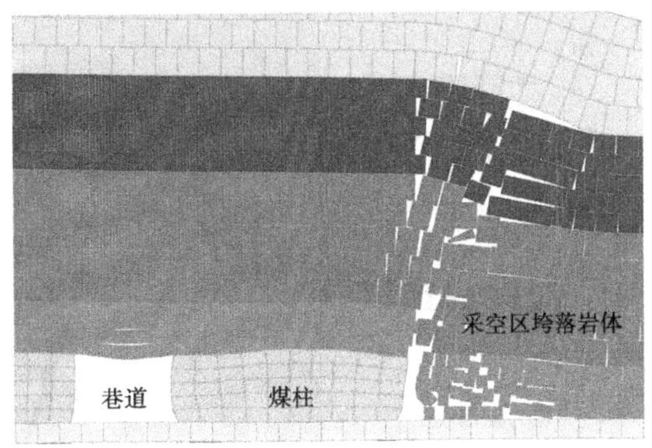

(f)切顶角度20°

续图4-4

当切顶角度增加到10°时,采空区顶板沿着预裂切顶线迅速垮落,这是由于切顶结构面区域岩体的下滑力大于摩擦力,为破断岩体及时切落提供了有利条件。同时,采空区的垮落岩体逐渐被压实并形成稳定的承载结构与上部岩层接触,能够进一步阻止高位顶板岩层的破断、旋转和弯曲下沉。当切顶角度扩大到15°和20°时,切顶结构面附近岩体的损伤区域持续增加,采空区破断岩体垮落不充分导致其填充效果减弱。切顶角度的增加意味着巷道侧向悬顶结构的长度和重量不断增大,煤柱侧顶板承担的载荷增加,反而不利于达到巷道围岩的应力卸压效果。

由以上分析可知,切顶角度为0°和5°时,顶板预裂结构面附近摩擦阻力较大,破断岩体不能顺利切落,采空区岩体填充效果较差,加剧了巷道顶板的应力集中程度。切顶角度为10°时,采空区顶板沿着预裂切顶线顺利滑落,垮落岩体较好地填充采空区并支撑上部岩层结构,缓解了上覆岩层的旋转下沉,有效减弱了煤柱侧顶板承担的载荷。切顶角度为15°和20°时,随着切顶角度增大,切缝面两侧岩体破断范围扩大,巷道侧向顶板的悬臂长度增加,导致煤柱侧顶板承担的载荷增大,不利于巷道结构的稳定性。

4.2.2　切顶角度影响下巷道两帮应力演化规律

切顶角度改变了预裂结构面两侧岩体的连接形态,切断了顶板岩层间的应力传递途径。当切顶角度改变时,沿空巷道两帮(实体煤帮和煤柱帮)的垂直应力分布呈现出不同的变化规律,如图4-5所示。

由图4-5可知,当沿空巷道侧向顶板不切顶时,由于悬顶结构的存在,煤柱帮和实体煤帮均处在较高的应力环境中,煤柱帮垂直应力峰值(19.2 MPa)要高于实体煤帮垂直应力峰值(17.9 MPa)。当切顶角度为0°时,即垂直切落顶板时,实体煤帮和煤柱帮的垂直应力峰值分别为16.6 MPa和12.1 MPa,较不切顶时相比应力峰值分别减小了1.3 MPa和7.1 MPa。可见,对沿空巷道侧向顶板实施切顶时,实体煤帮和煤柱帮承担的覆岩荷载明显降低。当切顶角度为5°时,即预制顶板切缝向采空区方向倾斜5°,实体煤帮和煤柱帮的垂直应力峰值分别为16.1 MPa和11.2 MPa,较切顶方案0°时应力峰值分别减小了0.5 MPa和0.9 MPa。当切顶角度增加到10°时,实体煤帮和煤柱帮

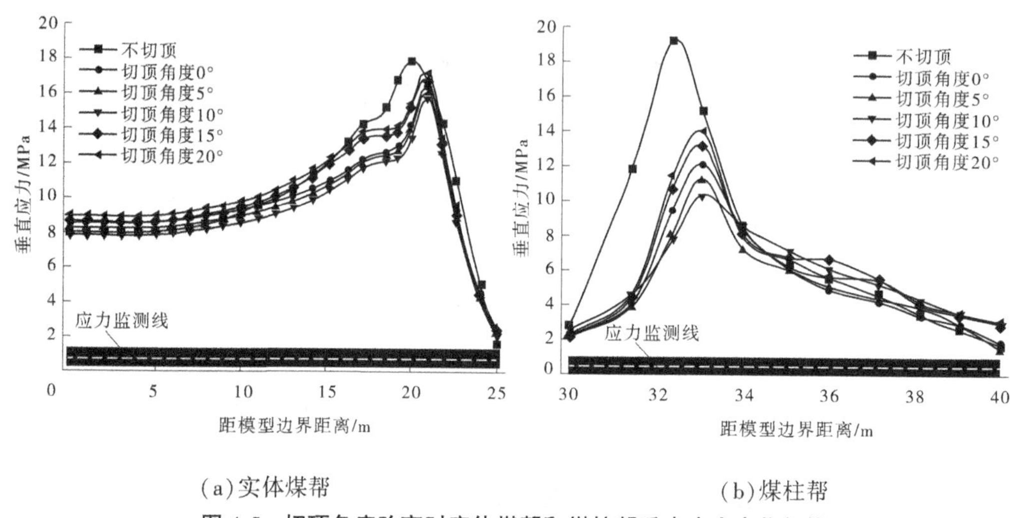

(a)实体煤帮　　(b)煤柱帮

图 4-5　切顶角度改变时实体煤帮和煤柱帮垂直应力变化规律

的垂直应力峰值继续降低,实体煤帮应力峰值(15.8 MPa)要高于煤柱帮应力峰值(10.2 MPa),较切顶方案 5°时应力减小值分别达到 0.3 MPa 和 1 MPa。可知,随着切顶角度的增大,切顶结构面附近岩体下滑力逐渐高于摩擦力,顶板沿着预裂切顶线能够更及时地充分垮落,岩层之间的应力传递被削弱,缓解了实体煤帮和煤柱内的应力集中程度。

当切顶角度分别为 15°和 20°时,随着切顶角度的进一步增大,顶板悬臂长度增加,巷道两帮承担的荷载逐渐增大。实体煤帮垂直应力峰值分别为 16.8 MPa 和 17.3 MPa,较切顶 10°时应力峰值分别增加了 1 MPa 和 1.5 MPa;煤柱帮垂直应力峰值分别为 13.1 MPa 和 14 MPa,其应力增量分别达到 2.9 MPa 和 3.8 MPa。可见,当切顶角度超过 10°时,巷道侧向顶板悬臂长度随切顶角度的增加而增大,实体煤帮和煤柱内垂直应力呈现不断增加的趋势,减弱了巷道两帮的卸压效果。

由以上分析可知,切顶角度通过影响采空区破碎岩体的滑落过程及充填效果,进而影响了巷道两帮的垂直应力分布特征。切顶角度小于 10°时,切缝结构面区域岩体摩擦阻力大于下滑力,采空区破断岩体不能沿着预裂切顶线及时滑落、充填,加剧了巷道两帮的应力集中程度。切顶角度为 10°时,破断岩体沿着预裂切顶线顺利垮落并充填采空区,减弱了岩层之间的应力传递效应,有效缓解了实体煤帮和煤柱内的应力集中。切顶角度超过 10°时,随着切顶角度增大,巷道侧向顶板的悬臂长度增加,煤柱和实体煤帮承担的覆岩载荷不断增大,反而不利于实现巷道围岩的应力卸压。

4.2.3　切顶角度影响下巷道顶板位移演化规律

为了揭示切顶角度对巷道顶板垂直位移的影响机制,在顶板跨中布置位移测线,分别观测不同切顶角度条件下沿空巷道顶板垂直位移变化规律,如图 4-6 所示。

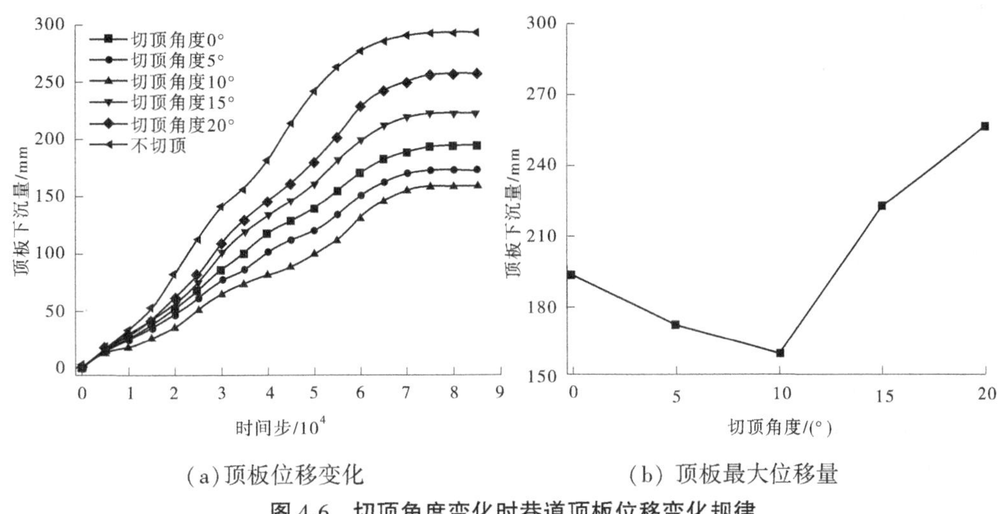

(a)顶板位移变化　(b) 顶板最大位移量

图 4-6　切顶角度变化时巷道顶板位移变化规律

由图 4-6 可知,预裂切顶角度改变时,巷道顶板位移变化规律产生显著差别。当顶板未切落时开挖巷道,顶板变形速度迅速增大;随着计算时间步增加,顶板变形速度减小,变形量逐渐趋于稳定并达到 293. 1 mm。当切顶角度为 0°时,顶板变形量明显降低,最大下沉量达到 193. 8 mm,较顶板未切落条件下最大变形量减小 33. 9%。当切顶角度为 5°时,顶板变形量继续降低,最大下沉量达到 172. 6 mm,较顶板未切落条件下,最大变形量减小 41. 1%。当切顶角度增大到 10°时,顶板变形量达到最低值,最大下沉量为 160. 7 mm,较顶板未切落条件下最大变形量减小 45. 2%。当切顶角度分别为 15°和 20°时,随着巷道侧向顶板悬臂长度的增加,顶板变形速度和变形量均明显提高,最大下沉量分别达到 222. 5 mm 和 256. 4 mm,较顶板未切落条件下最大变形量降低幅度减少,顶板卸压效果明显减弱。

综合分析可知,切顶角度不同时,巷道顶板位移变化规律差异较大。切顶角度小于 10°时,随着角度增大,顶板变形量和变形速度快速减少,切顶角度为 10°时顶板下沉量达到最低值;切顶角度大于 10°时,随着角度增大,顶板变形量和变形速度不断增加,切顶角度为 20°时顶板下沉量达到最大值。不同的切顶角度与巷道侧向顶板破断特征及岩体垮落过程有关,进而决定了巷道顶板应力分布特征及卸压效果,导致顶板变形呈现不同的演化规律。

4. 3　切顶高度对巷道围岩稳定性的影响

预裂切顶改变了巷道与采空区顶板岩层之间的结构联系,切断了顶板岩层之间的应力传递,从而在巷道顶板结构一定范围内形成卸压区。切顶高度既影响着顶板岩层的卸压范围,同时影响着采空区切落岩体的充填高度及对上覆岩层的支撑作用。采空区顶板沿着预裂切顶线顺利垮落,岩体破断以后体积增大发生碎胀变形,切落的岩体充填采空区。破断岩体碎胀特性决定切顶高度,切落岩体充满采空区时需要的切顶高度可通过式(4-1)获得：

$$H = \frac{M_0}{K_P - 1} \tag{4-1}$$

式中 H——顶板岩层切顶高度,m；

M_0——煤层厚度,m；

K_P——破断岩体平均碎胀系数。

煤层厚度为4 m,破断岩体平均碎胀系数为1.25,利用式(4-1)计算获得切顶高度为16 m。

为了进一步揭示切顶高度对侧向顶板破断形态的影响规律,阐释不同切顶高度条件下围岩应力分布特征及位移变化规律,分别选取12 m、14 m、16 m、18 m和20 m五种切顶高度方案进行模拟分析,如图4-7所示。

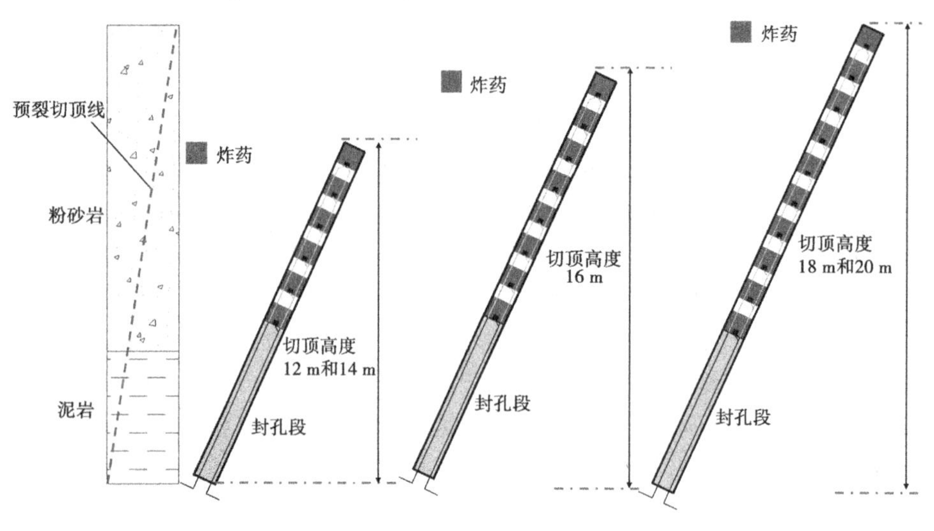

图4-7 预裂切顶高度模拟方案

4.3.1 切顶高度影响下巷道侧向顶板的破断特征

不同切顶高度条件下,沿空巷道侧向顶板的破断形态如图4-8所示。经分析可知,当切顶高度为12 m时,采空区顶板沿着预裂切顶线破断和下沉,并在采空区一定范围内形成垮落充填体,有效控制了高位顶板岩层的弯曲变形。由于切顶高度较小,垮落岩体不能充分填充采空区,导致充填岩体与上覆岩层之间仍有离层空间。当切顶高度增加到14 m时,采空区顶板沿着预裂切顶线及时破断、滑落。随着切落高度的增大,顶板岩层跨落后碎胀充填采空区的范围较切顶12 m时有所增加,但高位岩层与垮落充填体之间仍存在未填充空间。当切顶高度继续增加到16 m时,随着岩体切落范围的扩大,顶板岩层垮落后填充采空区的程度更加充分,采空区切落岩体与上部岩层之间的离层空间明显减少,有效控制了上部岩层的破断、旋转和下沉。与切顶高度12 m和14 m两种方案相比,切顶高度16 m条件下巷道坚硬顶板沿着预裂切顶线切落程度更加充分,有利于采空区垮落充填体构筑稳定的承载结构并对上部岩层起到较好的支撑作用,降低上覆岩层持续破断对巷道顶板岩层的动态扰动，较好缓解了实体煤帮和煤柱帮的应力集中效应。

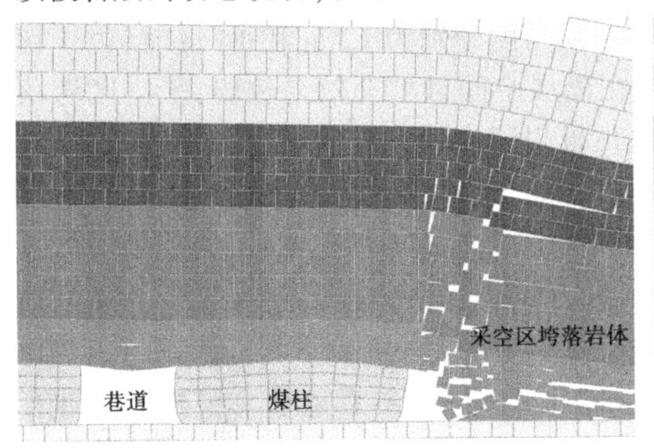

(a) 切顶高度 12 m

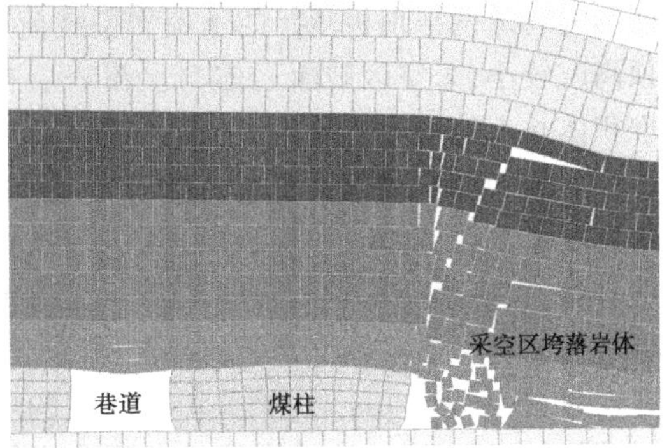

(b) 切顶高度 14 m

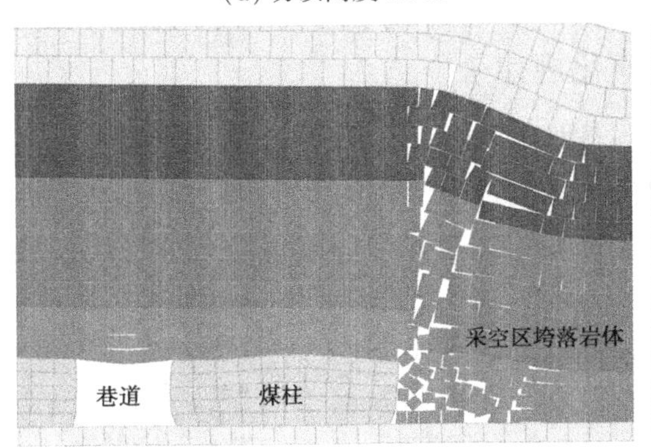

(c) 切顶高度 16 m

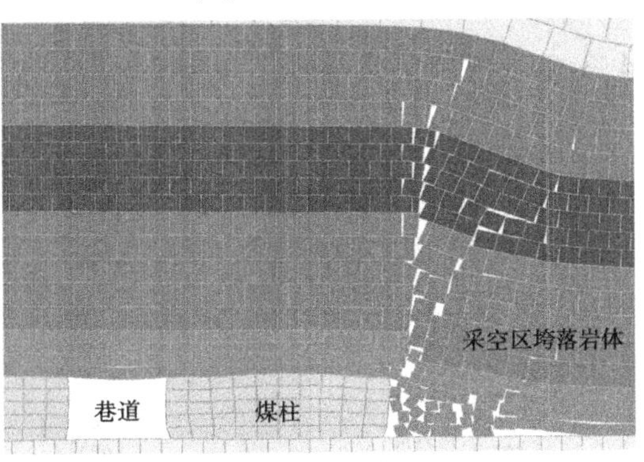

(d) 切顶高度 18 m

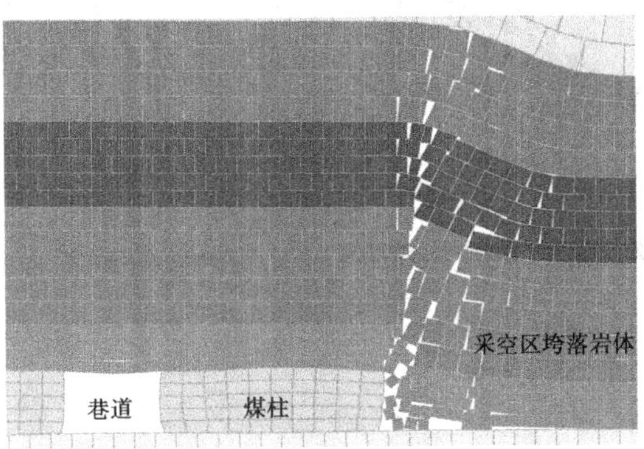

(e) 切顶高度 20 m

图 4-8　切顶高度变化时巷道侧向顶板的破断形态

当切顶高度增加到 18 m 和 20 m 时，由于顶板岩层切落范围的持续扩大，采空区垮落岩体充填的程度增加有限，破断岩体与上部岩层之间的离层空间基本消失，可以有效控制高位顶板岩层的持续旋转和弯曲下沉。与切顶高度 16 m 时相比，切顶高度的增加可以使采空区垮落岩体的填充空间增大，但是切顶高度的持续增加意味着岩体损伤范围和侧向悬顶结构的附加载荷增大，反而不利于切缝顶端岩层结构的铰接，导致煤柱侧顶板承担的载荷相应增大。

由以上分析可知,切顶高度改变时,采空区破断岩体的充填程度具有较大差异,进而影响巷道两帮顶板承担的上覆岩层载荷。切顶高度分别为 12 m 和 14 m 时,由于切顶高度较小,采空区破断岩体与上覆岩层存在离层空间且填充效果较弱,采空区垮落堆积体并不能形成有效的承载结构阻止高位顶板岩层的持续旋转下沉,增大了煤柱侧顶板承担的覆岩载荷。切顶高度为 16 m 时,巷道侧向顶板沿着预裂切顶线及时滑落并充填采空区,形成了"顶板切顶卸压+垮落岩体填充"的协同承载体系,构建了实体煤帮、煤柱和垮落充填岩体共同承担巷道顶板岩层载荷的复合结构,有效缓解了高位顶板岩层失稳垮落对低位岩层的冲击作用,实现了围岩结构切顶卸压的主动控制。切顶高度为 18 m 和 20 m 时,随着切顶高度的增大,采空区侧垮落岩体的充填程度增加有限,同时切顶高度的持续增加也意味着岩体损伤范围和侧向悬顶结构的扩展,巷道顶板应力卸压效果减弱。

4.3.2　切顶高度影响下巷道两帮应力演化规律

在高应力沿空掘巷切顶卸压围岩稳定控制过程中,切顶高度的变化改变了预裂结构面两侧顶板岩层的约束范围及采空区垮落岩体的充填程度,从而影响着巷道两帮的应力分布规律。不同切顶高度条件下,沿空巷道实体煤帮和煤柱帮的垂直应力分布特征如图 4-9 所示。

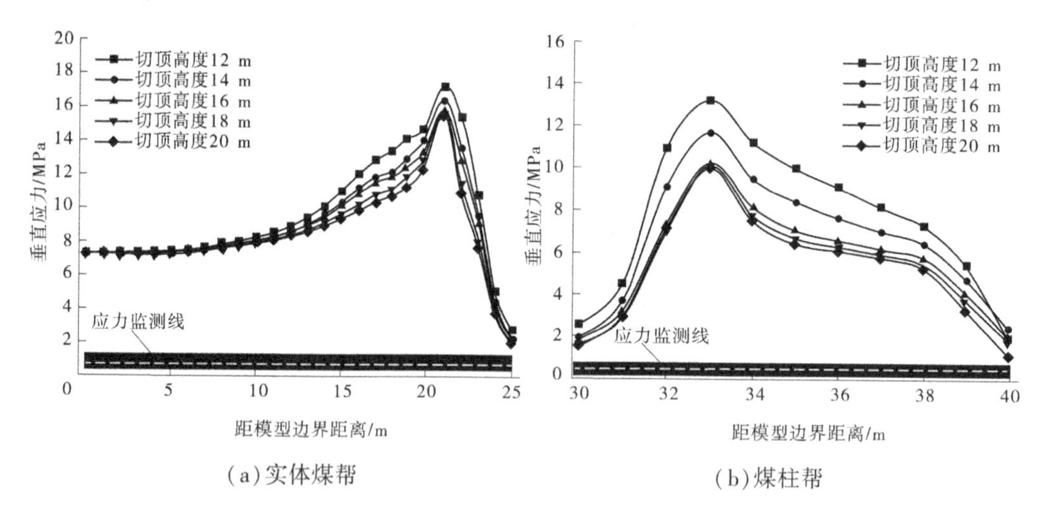

(a)实体煤帮　　(b)煤柱帮

图 4-9　切顶高度影响下实体煤帮和煤柱帮垂直应力变化规律

由图 4-9 可知,当切顶高度为 12 m 时,实体煤帮垂直应力在距离煤壁约 4.7 m 的位置达到应力峰值 17.1 MPa,然后逐渐降低并趋于稳定;煤柱内垂直应力先增大后减小,在距离煤帮边缘约 3.1 m 的位置达到应力峰值 13.2 MPa。当切顶高度为 14 m 时,巷道两帮的垂直应力分布形态变化不大,实体煤帮和煤柱内垂直应力峰值分别为 16.4 MPa 和 11.7 MPa;与切顶高度 12 m 时方案相比,实体煤帮和煤柱内垂直应力峰值分别降低 0.7 MPa 和 1.5 MPa。当切顶高度增加到 16 m 时,巷道两帮的应力分布形态变化不大,但是垂直应力峰值持续降低。实体煤帮垂直应力峰值为15.8 MPa,与切顶高度12 m时方案相比,应力峰值降低1.3 MPa;煤柱内的垂直应力峰值为10.2 MPa,与切顶高度12 m方案时相比,应力峰值降低3 MPa。由此可知,随着切顶高度的增加,采空区顶板与巷道顶板之间的约束程度降低,顶板岩层间的应力传递被减弱,同时采空区破断岩体的填充空间增大,有效降低了实体煤帮和煤柱内的垂直应力。

当切顶高度分别增加到18 m和20 m时,随着切顶高度增大,巷道两帮的垂直应力继续降低,但是应力降低幅度较小。与切顶高度16 m时方案相比,实体煤帮垂直应力峰值分别减少0.2 MPa和0.3 MPa,煤柱内垂直应力峰值分别减少0.1 MPa和0.2 MPa。可知,当切顶高度超过16 m时,继续增加切顶高度,巷道两帮垂直应力变化较小,卸压效果不明显。

由以上分析可知,切顶高度不同时,实体煤帮和煤柱内的垂直应力分布规律具有明显区别。切顶高度小于16 m时,由于切顶高度较小,采空区切落岩体的填充效果弱,垮落堆积体并不能对上覆岩层荷载形成有效的支撑作用,增大了煤柱和实体煤帮顶板承担的覆岩载荷,巷道两帮的卸压效果明显减弱。切顶高度为16 m时,采空区破断岩体的填充效果较好,煤柱和垮落充填岩体形成协同承载体系,支撑高位顶板岩层结构,有效缓解了高位顶板岩层突然破断对下部岩体的冲击载荷,实现了对巷道顶板岩层主动切顶卸压的目的。切顶高度超过16 m时,随着切顶高度的增大,采空区破断岩体的填充效果增加有限,同时继续增加切顶高度也增大了煤柱侧向顶板的悬顶长度,实体煤帮和煤柱内垂直应力降低幅度较小,巷道围岩的卸压效果减弱。

4.3.3　切顶高度影响下巷道顶板位移演化规律

为了揭示切顶高度对巷道顶板垂直位移的影响机制,在顶板跨中布置位移测线,分别观测不同切顶高度条件下沿空巷道顶板垂直位移变化规律,如图4-10所示。

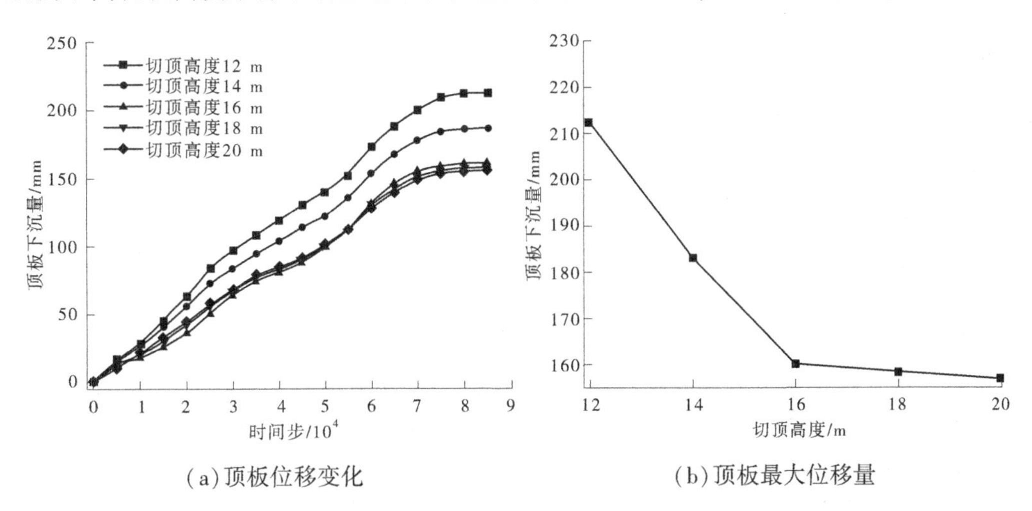

(a)顶板位移变化　(b)顶板最大位移量

图4-10　切顶高度变化时巷道顶板垂直位移变化规律

由图 4-10 可知，切顶高度不同时，巷道顶板垂直位移变化规律存在明显差异。当切顶高度为 12 m 时，巷道开挖初期顶板变形速度较大；随计算时间步增加，顶板变形速度降低，变形逐渐趋于稳定，最大下沉量为 213. 6 mm。当切顶高度为 14 m 时，顶板变形量持续降低，最大下沉量达到 186. 2 mm，较切顶高度 12 m 时最大变形量减小 12. 8%。当切顶高度为 16 m 时，顶板变形量继续降低，最大下沉量为 160. 7 mm，较切顶高度 12 m 时最大变形量减小 24. 8%。当切顶高度分别为 18 m 和 20 m 时，随着顶板切落高度持续增加，巷道顶板变形下降趋势明显减弱，最大下沉量分别达到 158. 3 mm 和 156. 2 mm，较切顶高度 16 m 时顶板变形降低幅度较小，顶板卸压程度进一步减弱。

由以上分析可知，切顶高度与预裂结构面两侧岩体的约束程度及采空区垮落堆积体的填充程度相关，进而影响着巷道顶板岩层的应力分布形式，从而成为影响顶板变形的关键因素。切顶高度小于 16 m 时，由于采空区破断岩体的填充效果较弱，高位顶板岩层持续产生弯曲下沉，增大了巷道顶板岩层承担的覆岩载荷，顶板下沉量较大。切顶高度为 16 m 时，巷道侧向顶板岩层被切落后，采空区破断岩体的填充效果增强，稳定的垮落堆积体对高位岩层提供较好的支撑作用，进一步阻止了上覆岩层的破断、旋转和弯曲下沉，缓解了巷道顶板岩层压力，顶板下沉量明显减少。切顶高度超过 16 m 时，随着切顶高度增加，采空区破断岩体的填充程度增加有限，同时煤柱外侧顶板悬臂长度增大，巷道顶板承担的附加载荷有所增加，较切顶高度 16 m 方案时顶板变形量降低较少，巷道围岩的卸压效果有所降低。

4. 4 切顶前后巷道围岩稳定性分析

为了探讨顶板卸压前后巷道围岩稳定性的演化过程，当切顶角度和切顶高度分别确定为最优设计值时，建立了切顶及不切顶两种状态下的巷道掘进模拟方案。通过研究巷道围岩位移、应力演化规律及岩体塑性区的分布形态，进一步揭示切顶卸压在维持巷道围岩稳定性方面的作用机制。

4. 4. 1 巷道围岩位移演化规律

两种模拟方案下，巷道围岩的位移变化规律如图 4-11 所示。沿空巷道开挖以后，上区段工作面顶板不切顶时，在侧向压力和悬顶结构的耦合影响下，围岩结构产生较大变形。顶板变形量较大，最大下沉量为 293. 1 mm；煤柱帮和实体煤帮变形量次之，移近量分别为 202. 3 mm 和 166. 5 mm；巷道底臌量较小，移近量为 58. 2 mm。上区段工作面顶板实施预裂切顶时，悬顶结构的消失减弱了顶板岩层内的应力叠加效应，同时采空区切落岩体对高位岩层的支撑作用降低了煤柱侧顶板承担的载荷，巷道围岩的变形量显著减小。顶板最大下沉量为 160. 7 mm，煤柱帮移近量为 107. 8 mm，实体煤帮部移近量为 70. 4 mm，底臌量为 24. 1 mm，较不切顶方案下顶板、煤柱帮、实体煤帮和底板移近量分别减小 45. 2%、46. 7%、57. 7%和 58. 6%，这表明对沿空巷道实施切顶卸压后，可以有效卸除顶板岩层的应力集中，控制顶板下沉量。采空区垮落堆积体对高位顶板岩梁的支撑作用减弱了高位岩层弯曲和旋转下沉对低位岩层的扰动程度，提高了实体煤帮和煤柱的完整性，有

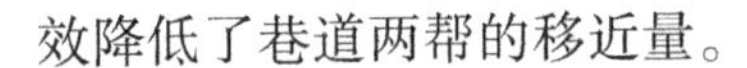
效降低了巷道两帮的移近量。

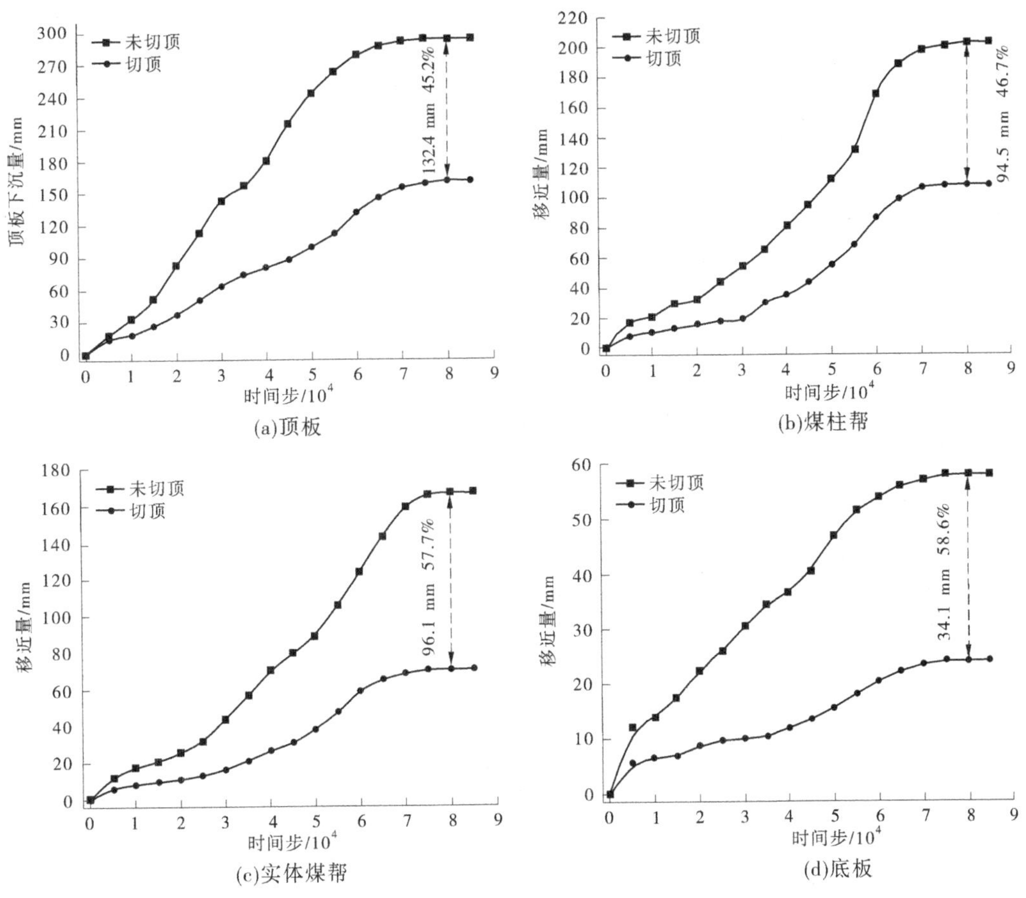

图 4-11　切顶前后巷道围岩位移变化规律

沿空巷道开挖结束后,切顶前后沿空巷道围岩塑性区分布特征如图 4-12 所示。由塑性区分布形态可知,采空区顶板未被切落时,巷道顶板岩层和两帮煤体屈服点数目较多,底板岩层屈服点数目较少,这是因为巷道沿煤层底板布置,处在煤层中的顶板和两帮强度较低,而处在泥岩中的底板强度较高。同时,在巷道顶板 1 m 范围内,岩体出现明显的拉伸破坏现象,这是因为坚硬顶板在巷道上方破断、旋转过程中,受高应力作用煤岩体结合区域产生离层或者破裂,从而容易导致巷道顶板发生大变形及冒顶现象。顶板岩层实施切顶卸压后,巷道顶底板和两帮煤体内的塑性屈服点数目明显减少,顶板拉伸破坏现象消失,这表明采空区顶板被切落后,有效隔绝了顶板岩层结构之间的应力传递,煤岩结合体共同变形下沉,岩层离层趋势得到控制,巷道顶板的完整性得到提高。由此可知,岩体塑性区的分布形态与巷道围岩变形特征具有较强的关联性,对沿空巷道侧向顶板实施切顶卸压,可以有效控制巷道塑性区的扩展,围岩结构完整性的提高能够进一步约束岩体变形。

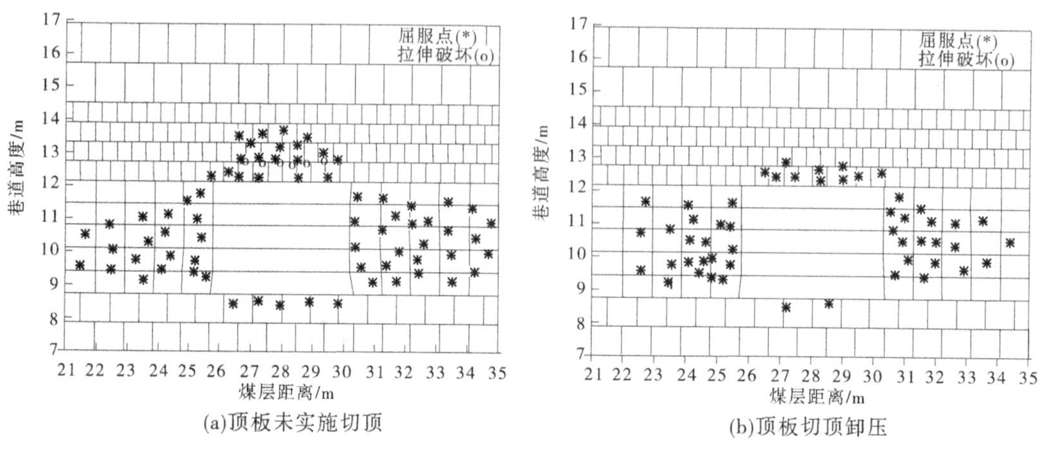

图 4-12　切顶前后沿空巷道围岩塑性区分布特征

4.4.2　巷道围岩应力演化规律

为了揭示切顶卸压在控制巷道变形方面的力学机制，对比分析了卸压前后沿空巷道两帮垂直应力分布规律。两种模拟方案下，实体煤侧和煤柱侧垂直应力分布特征如图 4-13 所示。

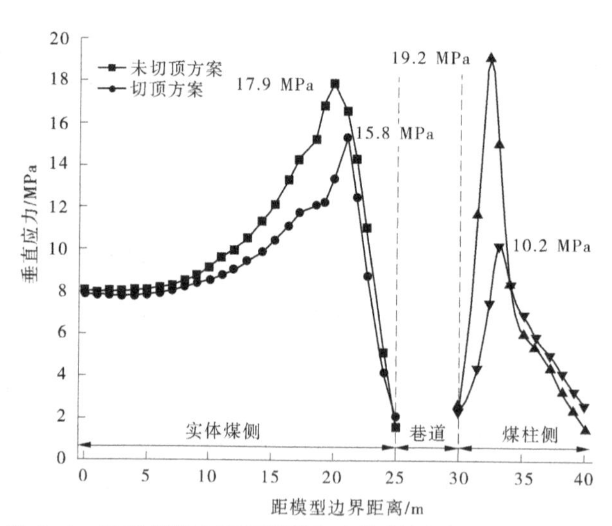

图 4-13　两种模拟方案下煤柱和实体煤侧垂直应力分布特征

由图 4-13 可知，随着工作面的回采，采空区顶板未被切落时，煤柱上方顶板岩层形成悬顶结构，高位岩层载荷通过悬顶结构转移到实体煤侧和煤柱侧，导致巷道两帮均出现较高的应力集中区。实体煤侧垂直应力自煤壁边缘快速增加并达到应力峰值 17.9 MPa，随着距煤壁边缘距离的增加，垂直应力逐渐降低并趋于稳定。煤柱处在采动应力和侧向压力叠加区，其应力水平要高于实体煤帮，垂直应力峰值为 19.2 MPa。

采空区顶板切落以后，煤柱侧和实体煤侧垂直应力显著降低；煤柱侧垂直应力峰值从 19.2 MPa 降低到 10.2 MPa，减小了 46.9%；实体煤侧垂直应力峰值从 17.9 MPa 降低到

15.8 MPa,减小了11.7%,这表明巷道悬顶结构沿着预裂切顶线及时垮落,有效降低了采空区顶板下沉对巷道顶板的扰动程度,减小了煤柱和实体煤侧承担的高位岩层载荷。同时,垮落堆积体能够较好地填充采空区并支撑上部岩体,进一步阻止了高位岩层的旋转下沉,缓解了巷道两侧的应力集中效应,提高了煤柱和实体煤侧的承载能力。

综上所述,沿空巷道顶板在实施预裂切顶前后,围岩位移变化规律、塑性区扩展范围及两帮垂直应力分布特征均产生显著差异。当侧向顶板未实施切顶时,煤柱上方岩层形成悬顶结构,高位岩层载荷通过悬顶结构转移到巷道两帮,煤柱侧和实体煤侧垂直应力峰值分别达到19.2 MPa和17.9 MPa,巷道围岩存在较高的应力集中区。顶板最大下沉量为293.1 mm,煤柱侧和实体煤侧移近量分别为202.3 mm和166.5 mm;在顶板浅部岩体范围内,出现明显的岩层离层及破裂现象,从而容易导致巷道顶板发生大变形及冒顶事故。当侧向顶板被切落以后,悬顶结构的消失有效消除了预裂结构面外侧岩体破断和旋转下沉过程中的连带作用,缩短了高位岩层对巷道围岩的施载周期。同时,破断岩体加速垮落能够更快地填充采空区,进一步减轻了高位岩层倾斜下沉对下部巷道的扰动程度,降低了煤柱侧和实体煤侧的应力集中程度。煤柱侧和实体煤侧垂直应力峰值分别为10.2 MPa和15.8 MPa,较未卸压时分别降低了46.9% 和11.7%。顶板、煤柱侧、实体煤侧和底板移近量分别为160.7 mm、107.8 mm、70.4 mm和24.1 mm,较未切顶时巷道相应区域变形分别减少了45.2%、46.7%、57.7% 和58.6%;巷道顶板和两帮岩体内的塑性范围明显减少,岩层离层趋势得到控制,增强了围岩结构的完整性。

4.5 本章小结

为了阐述切顶卸压对围岩结构稳定性的作用机制,本章运用数值模拟等研究方法探讨了预裂切顶影响下巷道顶板岩层的垮落形态,揭示了不同切顶参数时围岩应力分布特征及位移演化规律,对比分析了顶板卸压前后围岩稳定性的演化过程,实现了巷道顶板预裂卸压的主动控制,并得到以下结论:

(1)切顶角度影响着采空区破碎岩体的滑落过程及充填效果。切顶角度达到最优设计值时,采空区顶板能够较好地沿着预裂切顶线顺利滑落,切断岩层之间的应力传递途径,减少煤柱侧顶板承担的载荷,有效控制高位顶板岩层的旋转下沉,并减弱岩层垮落对巷道造成的动载效应。切顶角度小于最优设计值时,切缝结构面区域岩体摩擦阻力大于下滑力,采空区切落岩体不能沿着预裂切顶线及时滑落、充填,加剧了巷道两帮的应力集中程度。切顶角度超过最优设计值时,随着切顶角度增大,侧向顶板悬顶结构长度增加,实体煤侧和煤柱侧顶板承担的覆岩载荷增大,反而不利于实现巷道围岩的应力卸压。

(2)切顶高度主要影响着顶板岩层的卸压范围,同时影响着采空区切落岩体的充填高度及对上覆岩层的支撑作用。切顶高度达到最优设计值时,切落岩体能够较好地充填采空区,并对上部岩层形成稳定的承载结构,有效降低了实体煤帮和煤柱内的应力集中程度。切顶高度小于最优设计值时,采空区破断岩体与高位岩层之间的空隙增大,减弱了垮落堆积体对上覆岩层的支撑作用,加剧了煤柱内的应力集中效应,巷道围岩的卸压效果不明显。切顶高度超过最优设计值时,随着切顶高度的增大,采空区垮落岩体的填充效果增加有限，同时继续增加切顶高度也增大了煤柱侧向顶板的悬顶长度，实体煤帮和煤柱内垂直应力降低幅度较小，巷道围岩的卸压效果减弱。

（3）沿空巷道侧向顶板被切落以后，悬顶结构的消失有效消除了预裂结构面外侧岩体破断和旋转下沉过程中的连带作用，缩短了高位岩层对巷道围岩的施载周期。同时，破断岩体加速垮落能够更快地填充采空区，形成“顶板切顶卸压+垮落岩体填充”的协同承载体系，构建实体煤帮、煤柱和垮落充填岩体共同承担巷道顶板岩层载荷的复合结构，进一步减弱高位岩层倾斜下沉对下部巷道的扰动程度，改善煤柱侧和实体煤侧的应力集中效应，提高围岩结构的自稳能力。

第 5 章　预裂切顶沿空掘巷围岩变形机制研究

在巷道开挖及工作面回采期间,围岩结构不断经历加载和卸载的力学调整过程,在这一过程中岩体应力的改变同时会引起能量的积累和释放,容易导致巷道围岩产生剧烈变形及动力灾害。本章综合运用理论分析和数值模拟等研究方法,重点探讨采空区顶板预裂切顶条件下侧向煤岩体应力、能量分布演化特征,分析煤柱宽度不同时巷道围岩变形的演化规律及载荷传递机制,揭示工作面回采过程中采动应力与围岩变形效应之间的演化过程,为现场沿空巷道布置及煤柱尺寸设计提供有益参考。

5.1　数值模型及模拟方案

5.1.1　数值模型建立

根据工作面及巷道地质条件,采用 FLAC3D 模拟软件建立三维数值模型,如图 5-1 所示。模型尺寸为 160 m×80 m×60 m(长×宽×高),巷道尺寸为 5 m×3.5 m(宽×高)。顶部施加 7.5 MPa 的等效载荷模拟上覆岩层压力,模型前后左右界面水平位移及底部垂直位移为 0。煤(岩)体材料力学特性选择 Mohr-Coulomb 破坏准则进行模拟,巷道顶底板岩层力学参数见表 5-1。

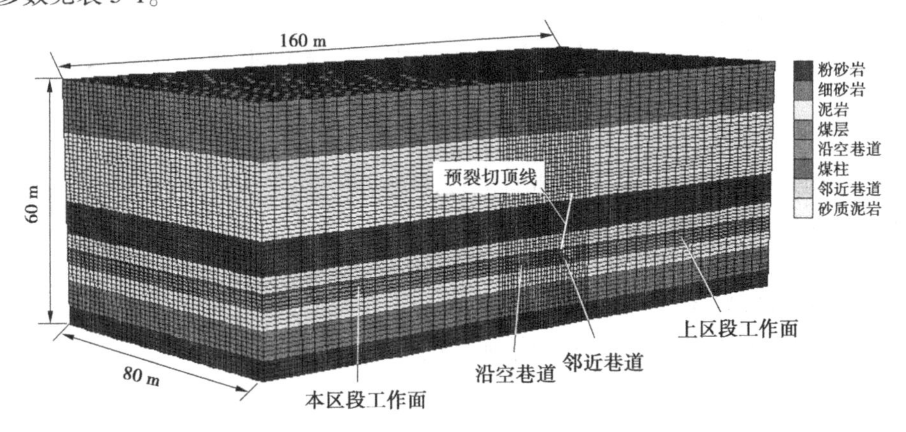

图 5-1　三维数值模型

工作面回采过程中,FLAC3D 软件无法完全模拟采空区顶板岩层的垮落和填充效应。为了考虑采空区切落岩体对上覆岩层的承载特性,本章基于前文预裂切顶参数优化结果,对采空区切顶范围内的岩体采用整体等效填充方法处理,采空区等效岩体材料选择双屈服破坏准则进行模拟。

数值模拟顺序为：①模型建立及岩体应力平衡；②上区段工作面巷道开挖；③上区段工作面回采及采空区切顶范围内岩体等效填充；④沿空巷道煤柱宽度优化；⑤本区段工作面回采。

表 5-1　巷道顶底板岩层力学参数

岩石类型	密度/(kg/m³)	体积模量/GPa	剪切模量/GPa	抗拉强度/MPa	黏聚力/MPa	内摩擦角/(°)
细砂岩(一)	2 750	13.4	9.2	5.3	2.6	29
泥岩(一)	1 900	7.9	3.9	1.3	1.4	25
砂质泥岩	2 450	9.8	5.6	2.4	1.8	27
粉砂岩(一)	2 680	11.4	7.2	4.4	2.3	31
泥岩(二)	1 900	7.9	3.9	1.3	1.4	25
煤层	1 600	1.4	0.6	0.8	0.7	20
泥岩(三)	1 900	7.9	3.9	1.3	1.4	25
细砂岩(二)	2 750	13.4	9.2	5.3	2.6	29
粉砂岩(二)	2 680	11.4	7.2	4.4	2.3	31

5.1.2　采空区等效岩体应力模拟

随着工作面的不断推进，巷道侧向顶板沿着切顶线垮落并充填采空区。破碎岩体逐渐被压实并对上部岩层形成支撑作用，能够有效减小周围煤(岩)体的支承压力。国内外学者对采空区等效填充岩体的支撑效应进行了大量试验和研究，并选择双屈服模型模拟采空区的应力分布特征。双屈服模型最早是由 Salamon 提出的，其应力-应变关系为

$$\sigma = \frac{E_0\varepsilon}{1 - \varepsilon/\varepsilon_m} \tag{5-1}$$

式中　σ——施加在采空区岩体上的垂直应力，MPa；

ε——垂直应力作用下岩体体积应变；

ε_m——垂直应力作用下采空区岩体最大体积应变；

E_0——采空区岩体初始弹性模量，GPa。

采空区岩体最大体积应变 ε_m 和初始弹性模量 E_0 为

$$\varepsilon_m = \frac{(K_p - 1)}{K_p} \tag{5-2}$$

$$E_0 = \frac{10.39\sigma_c^{1.042}}{K_p^{7.7}} \tag{5-3}$$

式中　K_p——采空区岩体的平均碎胀系数；

σ_c——采空区破碎岩体抗压强度，MPa。

根据矿井工作面实际地质条件及试验结果,采空区岩体平均碎胀系数取 1.25,则岩体最大体积应变为 0.2,初始弹性模量为 14.8 GPa,利用式(5-1)可推导出采空区岩体应力-应变关系满足表 5-2 的要求。

表 5-2　采空区岩体应力-应变应满足的关系

应变	0	0.01	0.02	0.03	0.04	0.05	0.06	0.07	0.08	0.09
应力/MPa	0	0.16	0.33	0.52	0.74	0.99	1.27	1.59	1.97	2.42
应变	0.10	0.11	0.12	0.13	0.14	0.15	0.16	0.17	0.18	0.19
应力/MPa	2.96	3.62	4.44	5.50	6.91	8.88	11.84	16.77	26.64	56.24

采空区岩体材料力学特性的真实模拟才能为分析围岩稳定性和煤柱宽度设计提供参考依据。在双屈服模型中,采空区等效岩体材料特性参数可以通过模型调试法获取。选取对应的采空区单元体模型,模型侧面和底部位移固定,顶部以垂直速度模拟应力加载,通过反复试算、数值模拟反演与采用理论公式推导获得的采空区应力-应变关系如图 5-2 所示。可以发现,模拟反演结果和采用 Salamon 公式获得的理论结果基本一致,从而确定采空区等效填充岩体的力学参数,见表 5-3。

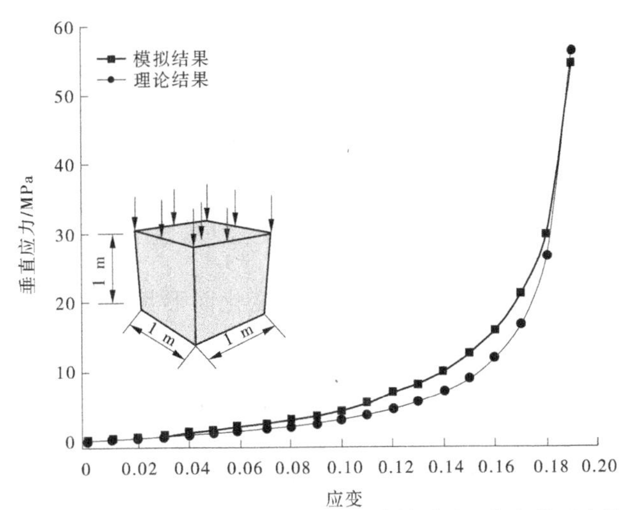

图 5-2　数值模拟与理论分析方案中岩体应力-应变关系比较

表 5-3　采空区岩体材料力学参数

参数	密度/(kg/m³)	体积模量/GPa	剪切模量/GPa	内摩擦角/(°)	剪胀角/(°)
岩体	1 200	4.8	2.7	25	5

5.1.3　岩体应力与能量之间的关系

围岩结构的应力状态与其自身储存的能量关系密切。岩体在开挖过程中,应力会发生调整,同时伴随着能量储存结构的变化。能量变化是围岩结构变形破坏的本质属性,它反映了岩体内部缺陷的不断发展、强度持续弱化并最终丧失的整个过程。因此,围岩结构的破坏可以通过自身能量的变化来反映。

选取围岩结构中的单元体作为研究对象,单元体的受力可认为是两种应力状态的叠加作用,如图 5-3 所示。一方面可以认为在单元体三个方向施加平均应力 σ_m,平均应力 σ_m 可表示为

$$\sigma_m = \frac{\sigma_1 + \sigma_2 + \sigma_3}{3} \tag{5-4}$$

式中 σ_1、σ_2 和 σ_3——最大主应力、中间主应力和最小主应力,MPa。

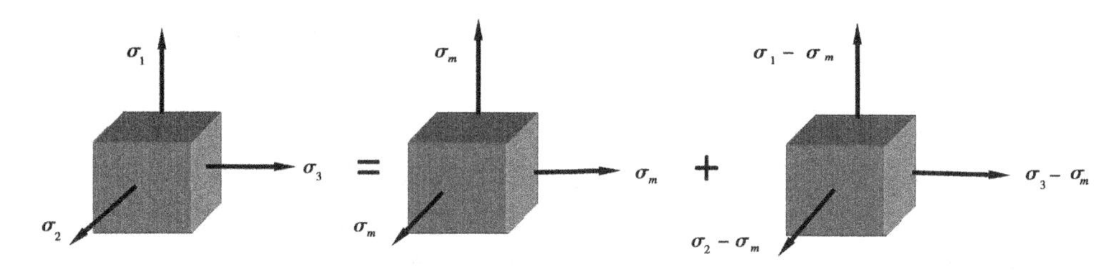

图 5-3 单元体结构受力分析

另一方面可以认为在单元体三个方向施加应力 $\bar{\sigma}_1$、$\bar{\sigma}_2$ 和 $\bar{\sigma}_3$,应力 $\bar{\sigma}_1$、$\bar{\sigma}_2$ 和 $\bar{\sigma}_3$ 分别是主应力 σ_1、σ_2 和 σ_3 的应力偏量,结合式(5-4)可得

$$\left.\begin{aligned}\bar{\sigma}_1 &= \sigma_1 - \sigma_m = \frac{2\sigma_1 - \sigma_2 - \sigma_3}{3}\\ \bar{\sigma}_2 &= \sigma_2 - \sigma_m = \frac{2\sigma_2 - \sigma_1 - \sigma_3}{3}\\ \bar{\sigma}_3 &= \sigma_3 - \sigma_m = \frac{2\sigma_3 - \sigma_1 - \sigma_2}{3}\end{aligned}\right\} \tag{5-5}$$

在平均应力 σ_m 作用下,单元体的体积发生变化而形状保持不变。在这种应力状态下,单元体应变能密度可表示为

$$v_v = \frac{1 - 2\mu}{6E}(\sigma_1 + \sigma_2 + \sigma_3)^2 \tag{5-6}$$

在应力偏量 $\bar{\sigma}_1$、$\bar{\sigma}_2$ 和 $\bar{\sigma}_3$ 作用下,单元体的形状发生变化而体积保持不变。在这种应力状态下,单元体应变能密度可表示为

$$v_d = \frac{1 + \mu}{6E}[(\sigma_1 - \sigma_2)^2 + (\sigma_2 - \sigma_3)^2 + (\sigma_3 - \sigma_1)^2] \tag{5-7}$$

单元体应变能密度包括体积改变产生的密度和形状改变产生的密度,所以单元体所储存的应变能密度可表示为

$$v = v_v + v_d = \frac{1 - 2\mu}{6E}(\sigma_1 + \sigma_2 + \sigma_3)^2 + \frac{1 + \mu}{6E}[(\sigma_1 - \sigma_2)^2 + (\sigma_2 - \sigma_3)^2 + (\sigma_3 - \sigma_1)^2] \tag{5-8}$$

式中 E——煤(岩)体初始弹性模量,MPa;

μ——煤(岩)体泊松比。

由式(5-8)分析可知,围岩结构储存的能量与其自身的应力状态关系密切。本书基于

FLAC3D 软件,利用内置 FISH 语言建立了围岩应力与能量之间的耦合程序。通过巷道岩体能量的演化规律更加真实地揭示围岩结构灾变特征,为评价高应力沿空掘巷切顶卸压围岩稳定控制效果提供依据。

5.2　采动条件下侧向煤岩体应力和能量演化规律

随着上区段工作面的回采,采空区顶板沿着预制切缝及时垮落,破断岩体在上部岩层作用下逐渐被压实,本区段侧向煤岩体结构发生改变,从而造成其应力调整和能量转移。为了掌握采动影响下侧向煤岩体的应力和能量传递规律,判断采空区岩体对高位顶板的支撑效果,当上区段工作面回采结束并对采空区切顶范围内岩体进行等效填充后,分别在本区段工作面煤层、直接顶和老顶岩层中部布置测线,揭示侧向煤岩体的应力分布形态和能量变化规律。

5.2.1　侧向煤岩体应力演化规律

上区段工作面回采结束后,本工作面不同层位侧向煤岩体垂直应力分布形态如图 5-4 所示。由图 5-4 可知,随着工作面的不断推进,采场围岩和采空区内应力重新调整,可以发现预裂切顶对侧向煤岩体的垂直应力分布特征具有显著影响。在煤壁边缘,顶板岩层沿预裂切顶线被切落以后,煤层、直接顶和老顶区域的垂直应力明显降低,应力集中区自顶板预裂切缝处向煤岩体深部转移;采空区内切落岩体在上覆岩层作用下逐渐被压实,其承载能力不断提高,压实后的岩体应力恢复至接近原岩应力状态。

侧向煤岩体垂直应力随岩层高度增加而逐渐降低,应力影响区宽度自上而下逐渐增大。距离煤壁边缘 23.6 m 处,煤层垂直应力达到峰值 19.5 MPa,应力集中系数为 2.6;直接顶和老顶岩层分别达到垂直应力峰值 17.2 MPa(距煤壁边缘 16.9 m)和 15.8 MPa(距煤壁边缘 8.2 m),应力集中系数分别为 2.3 和 2.1。随着向煤层深部转移,煤岩体垂直应力缓慢减小并逐渐恢复至应力平衡状态,这表明采空区悬顶结构被切落以后,侧向煤岩体在煤壁边缘形成应力卸压区,降低了高位岩层破断、下沉对低位岩层的扰动程度,提高了低位岩层的承载能力,因而煤层和直接顶承担的载荷要高于老顶。采空区内垮落岩体应力随着距预裂切顶线距离的增大而增加,不同区域应力调整逐渐趋于一致,这是由于预裂面两侧顶板岩层被切断后,破断岩体及时垮落并充填采空区,垮落堆积体对上部岩层提供稳定的支撑强度,同时在上部岩层作用下垮落岩体间隙进一步得到闭合,岩体压实程度得到增强,其应力恢复能力也随之提高。因此,采空区垮落岩体-侧向煤岩体-高位顶板岩层共同形成复合承载结构,为沿空掘巷创造有利的应力环境。

5.2.2　侧向煤岩体能量演化规律

上区段工作面回采结束后,侧向煤岩体应变能密度分布形态如图 5-5 所示。由图 5-5 可知,自顶板预裂切缝处边缘向煤岩体深部,不同层位应变能密度先增大后减小,然后逐渐恢复至平衡状态,这与侧向煤岩体应力分布规律一致。随着侧向煤岩体与预裂切顶线之间距离的增加,距煤壁边缘 24.2 m 处,煤层应变能密度达到峰值 634.2 kJ/m^3;随后应

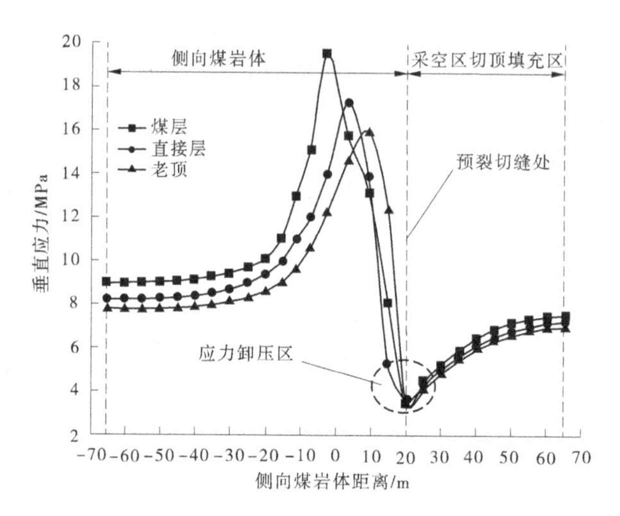

(a)煤层、直接顶和老顶垂直应力变化规律

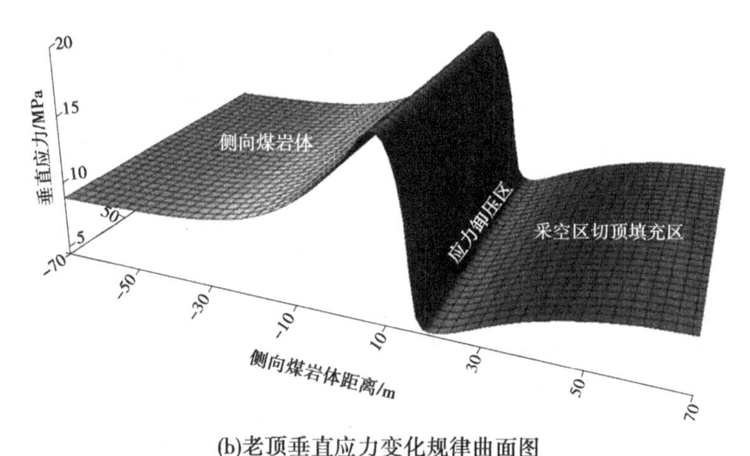

(b)老顶垂直应力变化规律曲面图

图 5-4　上工作面回采结束后侧向煤岩体垂直应力分布形态

变能密度逐渐降低，距煤壁边缘 68.4 m 处应变能密度趋于稳定，即采动影响下侧向煤层弹性应变能的积聚范围为 68.4 m。由此可知，采空区顶板岩层沿着预裂切顶线被切落后，有效缓解了煤壁边缘的应力集中；预裂切顶线附近煤体损伤范围减小，因而能量积聚向更深处煤层转移和储存，进一步降低了煤层发生冲击灾害的风险。

与煤层内的应变能密度分布形态相比，直接顶和老顶岩层内的应变能密度峰值和积聚范围显著不同。距煤壁边缘 17.1 m 处，直接顶岩层内的应变能密度峰值为 559.8 kJ/m^3，弹性应变能积聚范围为 54.8 m；距煤壁边缘 8.6 m 处，老顶岩层内的应变能密度峰值为 474.9 kJ/m^3，弹性应变能积聚范围为 36.3 m。可见，在工作面回采过程中切落岩体及时充填采空区，低位岩体对高位岩层的支承作用减弱了高位顶板岩层多次破断引起的扰动影响，保证了直接顶和老顶岩层的完整性，岩体内储存的应变能减少，因而弹性应变能的积聚范围降低。与采空区内压实岩体垂直应力分布相似，不同区域内的应变能密度变化特征基本一致。随着预裂切顶线距离的增大，采空区垮落岩体被压实，应变能密度持续升高并最终趋于稳定。

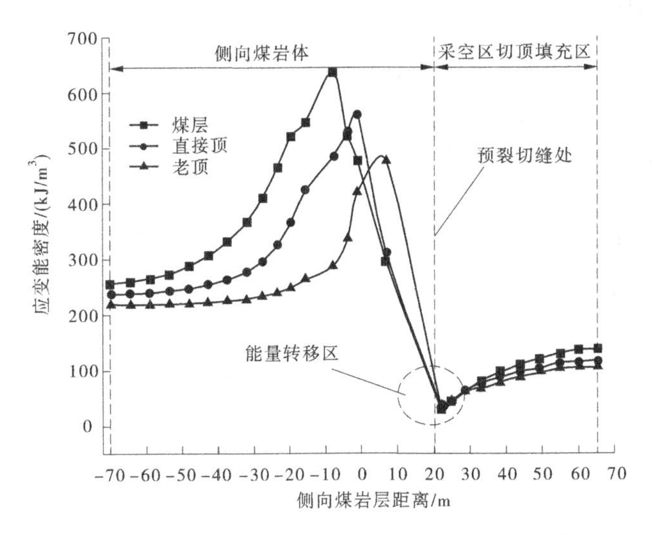

(a)煤层、直接顶和老顶应变能密度变化规律

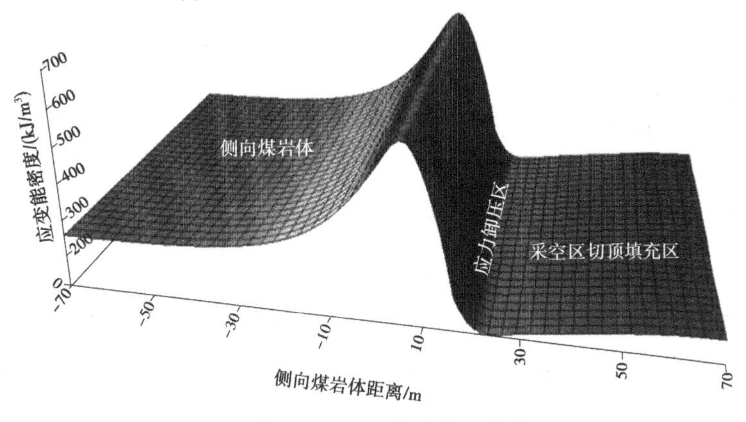

(b)老顶应变能密度变化规律曲面图

图 5-5 上工作面回采结束后侧向煤岩体应变能密度分布形态

5.3 沿空掘巷煤柱尺寸效应分析

沿空掘巷是在上区段工作面回采结束后,沿着采空区边缘进行掘巷,巷道的布置位置即煤柱宽度是影响围岩结构自身稳定的重要因素。煤柱宽度过大将造成煤炭资源浪费严重,煤柱宽度过小使巷道处在高应力环境中,不仅造成维护困难、变形严重,而且容易诱发动力灾害。本节通过建立不同煤柱宽度条件下的数值模型,分析沿空巷道围岩位移变化规律及载荷传递机制,揭示煤柱宽度改变时围岩结构稳定性的演化过程,在此基础上确定合理的沿空掘巷煤柱宽度。

5.3.1 数值模型建立

以图 5-1 数值模型为基础,建立相应的模型,如图 5-6 所示。为了保证模拟的可靠性和准确性,模型岩体特性参数和边界条件与 5.1 节数值模拟保持相同,采空区切顶范围内等效填充岩体特性参数见表 5-3。随着上区段工作面的推进,采空区顶板沿着预裂切顶线垮落,破断岩体在上部岩层作用下被压实,形成稳定的承载结构支撑高位顶板,为沿空掘巷创造合理的应力环境。由 3.4 节相关理论分析可知,煤柱塑性区宽度为 9.2 m,所以保持煤柱稳定状态的合理设计宽度应不小于煤柱的塑性区宽度。基于煤柱宽度理论推导结果,建模过程中煤柱高度保持不变,分别模拟煤柱宽度为 5 m、10 m、15 m、20 m 和 25 m 五种方案,进一步阐释煤柱宽度改变时沿空巷道应力、能量传递规律及位移、岩体塑性区的分布形态。

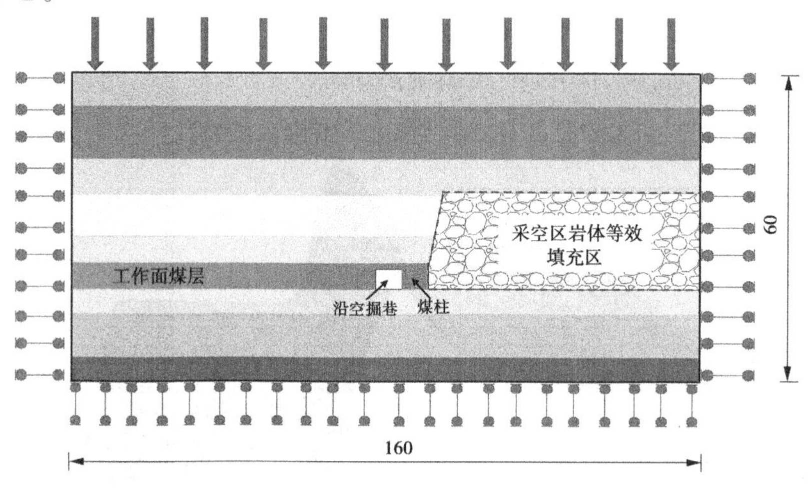

图 5-6 数值计算模型 (单位:m)

5.3.2 煤柱宽度影响下巷道应力和能量分布特征

为了掌握不同煤柱宽度条件下沿空巷道两帮应力及应变能演化规律,巷道开挖过程中在实体煤帮和煤柱内布置测点。不同煤柱宽度条件下巷道两帮的垂直应力及应变能密度分布特征如图 5-7 所示。在图 5-7 中,灰色区域表示岩体塑性区的扩展范围,白色区域表示岩体处于弹性范围。

由图 5-7 可知,煤柱宽度改变时沿空巷道两帮垂直应力、应变能密度分布特征显著不同。当煤柱宽度为 5 m 时,实体煤帮垂直应力和应变能密度先增大后减小,距煤壁边缘 10.7 m 处,实体煤帮垂直应力和应变能密度分别达到峰值 16.9 MPa 和 491.6 kJ/m^3,而煤柱帮垂直应力峰值(8.9 MPa)和应变能密度峰值(188.2 kJ/m^3)要低于实体煤帮,这表明顶板岩层载荷主要由实体煤帮承担。实体煤帮塑性区的宽度为 13.2 m,5 m 煤柱宽度均处在塑性范围内,巷道围岩由于煤柱变形屈服已经失去稳定性。当煤柱宽度增大到 10 m 时,距煤壁边缘 9.2 m 处,实体煤帮的垂直应力和应变能密度峰值分别为 16.6 MPa 和 452.5 kJ/m^3;煤柱帮垂直应力峰值由 8.9 MPa 增加到 10 MPa,应变能密度峰值由

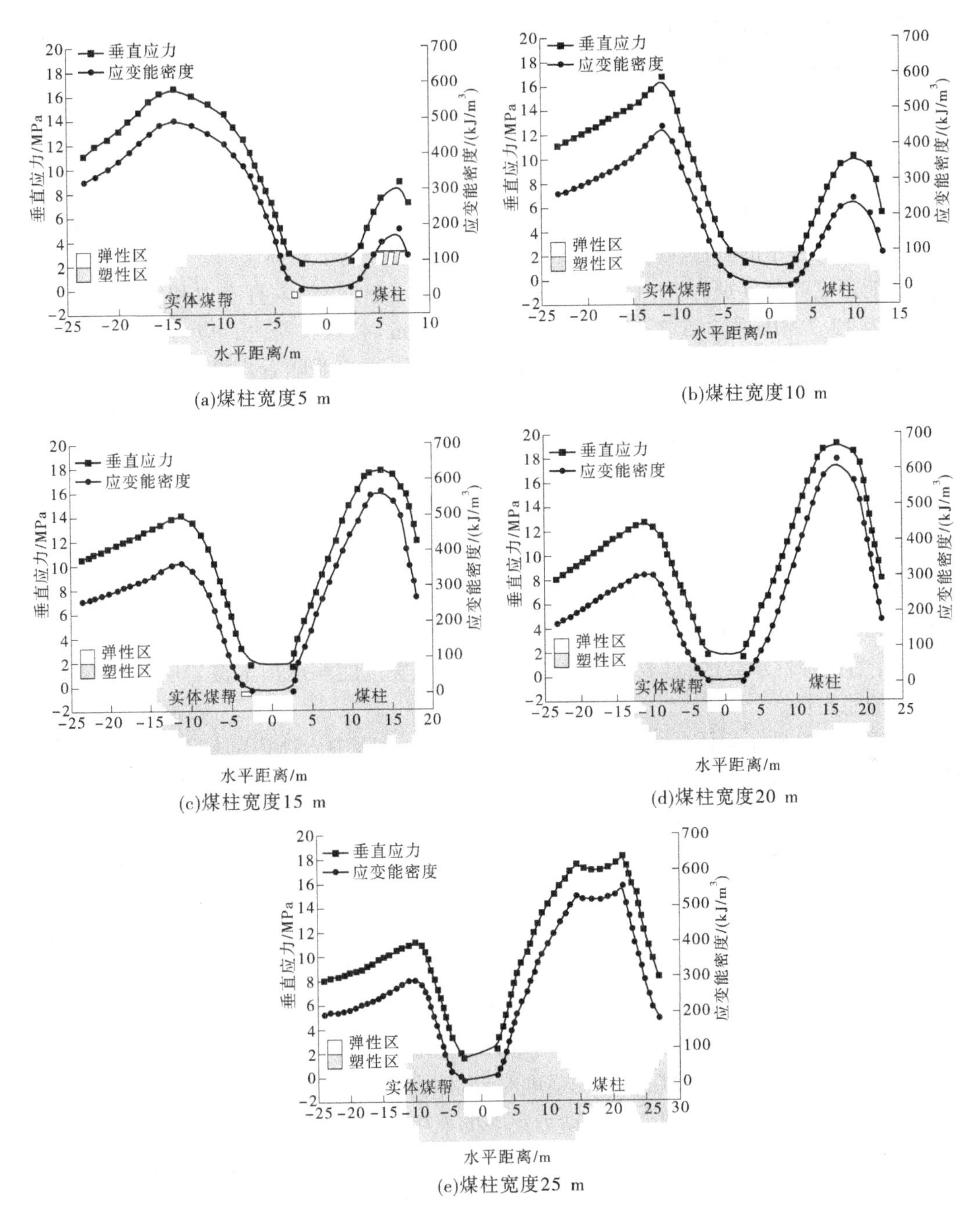

(a)煤柱宽度5 m

(b)煤柱宽度10 m

(c)煤柱宽度15 m

(d)煤柱宽度20 m

(e)煤柱宽度25 m

图 5-7 不同煤柱宽度条件下巷道两帮垂直应力和应变能密度分布特征

188.2 kJ/m^{3}增加到 245.6 kJ/m^3，仍然小于实体煤帮垂直应力和应变能密度峰值。较 5 m 煤柱宽度时，10 m 煤柱宽度条件下实体煤帮的塑性区范围明显减小，煤柱帮塑性区宽度有所减少，其承载能力进一步得到提高。

当煤柱宽度增加到 15 m 时,煤柱内的垂直应力和应变能密度快速增加并超过实体煤帮,垂直应力和能量密度峰值分别为 17.8 MPa 和 564.9 kJ/m^3,较煤柱宽度 10 m 时,应力和应变能密度峰值分别增加了 7.8 MPa 和 319.3 kJ/m^3;而实体煤帮的垂直应力和能量密度峰值分别为 14.2 MPa 和 368.6 kJ/m^3,较煤柱宽度 10 m 时,应力和应变能密度峰值分别减少了 2.4 MPa 和 83.9 kJ/m^3。随着实体煤帮垂直应力的降低,其塑性区分布范围也相应减少,但是煤柱内垂直应力增大,导致其塑性分布范围也相应增加。当煤柱宽度增大到 20 m 时,煤柱帮的垂直应力和应变能密度继续增加并高于实体煤帮。煤柱帮垂直应力和应变能密度峰值分别为 19.1 MPa 和 624.3 kJ/m^3,实体煤帮垂直应力和应变能密度峰值分别为 12.7 MPa 和 305.2 kJ/m^3,较煤柱宽度 10 m 时,煤柱帮垂直应力和应变能密度峰值持续增大,实体煤帮应力和应变能密度峰值降低,这表明随着煤柱宽度增加,上覆岩层载荷已经由实体煤帮转移至煤柱帮来承担。实体煤帮的塑性区范围减少到 10.1 m,煤柱帮的垂直应力增大导致其塑性区范围有所扩展,不利于围岩结构的稳定性。

当煤柱宽度增加到 25 m 时,煤柱帮垂直应力和应变能密度出现双峰分布形态,其垂直应力和应变能密度均有所减小但是仍高于实体煤帮。煤柱帮垂直应力和应变能密度峰值分别为 18.1 MPa 和 556.5 kJ/m^3,实体煤帮的垂直应力和应变能密度峰值分别为 11.3 MPa 和 295.5 kJ/m^3,较煤柱宽度为 10 m 时,煤柱帮垂直应力和应变能密度增大,实体煤帮应力和应变能密度进一步降低。巷道两帮的塑性区范围明显减小,煤柱内出现宽度为 6.2 m 左右的弹性承载区,这表明通过持续增大煤柱宽度能够承担上覆岩层载荷,增强巷道围岩的稳定性。

巷道开挖打破了岩体应力平衡状态,在应力调整过程中岩体内部储存的弹性能发生转移和释放,并再次达到应力和能量平衡状态。留设不同煤柱宽度时,巷道两帮应力和应变能分布形态变化较大。煤柱宽度分别为 5 m 和 10 m 时,顶板岩层载荷主要由实体煤帮承担,表现为实体煤帮的垂直应力和应变能密度峰值均高于煤柱帮。煤柱宽度为 5 m 时,承载压力过高导致煤柱屈服破坏,巷道失去稳定性;煤柱宽度为 10 m 时,顶板岩层载荷转移至实体煤帮,煤柱帮承担的载荷增加较少,巷道处在较低的应力环境中,围岩结构的稳定性得到提高。煤柱宽度分别为 15 m 和 20 m 时,上覆岩层载荷由实体煤帮转移至煤柱帮来承担,导致煤柱帮的垂直应力和应变能密度峰值要高于实体煤帮,巷道处在较高的应力环境中。随着煤柱宽度增加,煤柱内的垂直应力增大,岩体内积聚的应变能增多。当过高的应力和储存的能量超过煤岩体的强度时,岩体内部结构产生错动和滑移并伴有应变能的释放,容易导致围岩破裂变形及动力灾害的发生。当煤柱宽度为 25 m 时,煤柱帮垂直应力和应变能密度分布特征由单波峰向双波峰转变。同时,煤柱内宽度 6.2 m 左右的弹性承载区能够吸收过多的应力和能量,提高整个煤柱的承载能力。

合理的煤柱宽度不仅要能够承担上覆岩层载荷,维持巷道的稳定性,而且还要提高煤炭资源回收率。较煤柱宽度 25 m 的方案相比,煤柱宽度为 10 m 时,顶板岩层载荷转移至实体煤帮承担,煤柱内的垂直应力和应变能均小于实体煤帮,同时其应力峰值小于煤柱的极限承载强度,巷道处在低值应力影响区,较有利于保持围岩结构的稳定性。

5.3.3　煤柱宽度影响下围岩位移演化规律

5.3.3.1　巷道顶板垂直位移变化规律

留设不同煤柱宽度条件下，巷道顶板垂直位移变化规律如图 5-8 所示。由图 5-8 可知，当煤柱宽度为 5 m 时，由于煤柱宽度较窄不能承担顶板岩层载荷，煤柱失稳导致载荷转移到实体煤上方顶板，巷道顶板变形表现出非对称分布特征，最大变形量出现在巷道顶板中部偏左位置且最大下沉量为 269.7 mm。当煤柱宽度增加到 10 m 时，掘巷顶板变形的非对称分布特征明显改善，顶板变形量显著降低且最大下沉量为 158.5 mm。当煤柱宽度分别为 15 m 和 20 m 时，随着煤柱宽度增大，煤柱内应力集中程度增加，巷道围岩处在高值应力影响区。顶板变形非对称特征减弱，最大下沉量分别为 252.4 mm 和 215.3 mm。当煤柱宽度增大到 25 m 时，煤柱内部弹性区的增加提高了其承受上覆岩层载荷的能力，掘巷围岩的稳定性增强，巷道顶板最大下沉量为 132.5 mm。

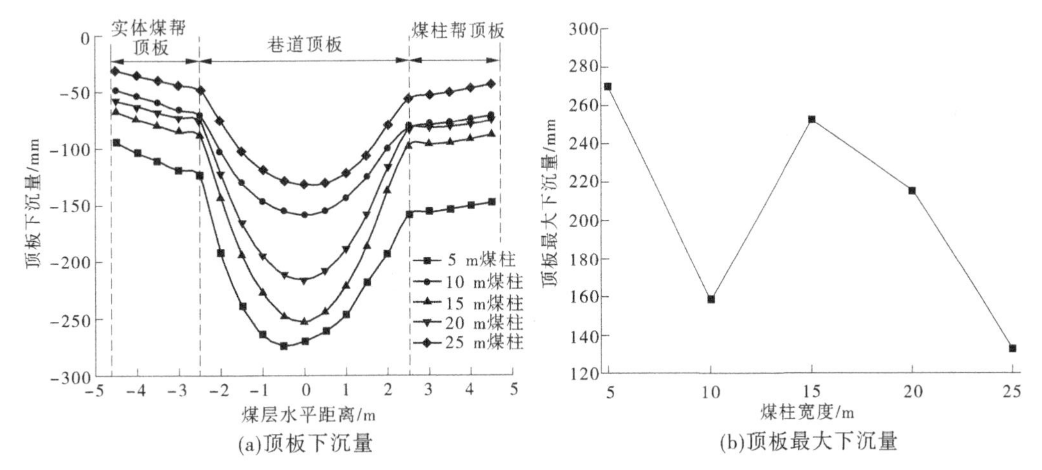

(a)顶板下沉量　(b)顶板最大下沉量

图 5-8　煤柱宽度不同时巷道顶板垂直位移变化规律

由以上分析可知，煤柱宽度为 5 m 时，巷道围岩在采动应力和侧向压力的叠加影响下承载能力降低，顶板变形量迅速增加达到 269.7 mm 且呈现不对称分布形态。煤柱宽度为 15 m 和 20 m 时，掘巷围岩处在高应力环境中，顶板变形量分别达到 252.4 mm 和 215.3 mm，顶板变形量较大，不利于维持围岩结构的稳定性。煤柱宽度为 25 m 时，顶板最大变形量达到 132.5 mm，而煤柱宽度为 10 m 时，顶板最大变形量达到 158.5 mm。通过持续增加煤柱宽度可以缓解围岩应力集中，降低巷道顶板的变形量，但是煤柱宽度的增加意味着煤炭资源的损失。10 m 煤柱宽度与 25 m 煤柱宽度相比，巷道顶板变形量增加了 26 mm，煤柱宽度却减少了 15 m。合理的煤柱宽度不仅要维持巷道的稳定性，而且要提高资源回收率和增加经济效益。因此，综合 5 种煤柱宽度方案下巷道顶板变形规律的分析与比较，煤柱宽度为 10 m 方案较佳。

5.3.3.2　巷道两帮水平位移变化规律

留设不同煤柱宽度条件下，巷道两帮水平位移变化规律如图 5-9 所示。由分析可知，受上区段工作面采动应力影响，实体煤帮和煤柱帮水平位移呈现非对称分布形态，煤柱帮移近量要大于实体煤帮。随着煤柱宽度的增加,巷道两帮的移近量逐渐降低,非对称变形特征减弱。煤柱宽度在5~25 m的变化过程中,煤柱帮最大移近量分别为268.6 mm、110.4 mm、211.7 mm、159.9 mm和69.6 mm,实体煤帮最大移近量分别为141.6 mm、69.5 mm、110.6 mm、85.3 mm和52.1 mm,煤柱帮与实体煤帮变形量之间的差值分别为127 mm、40.9 mm、101.1 mm、74.6 mm和17.5 mm。

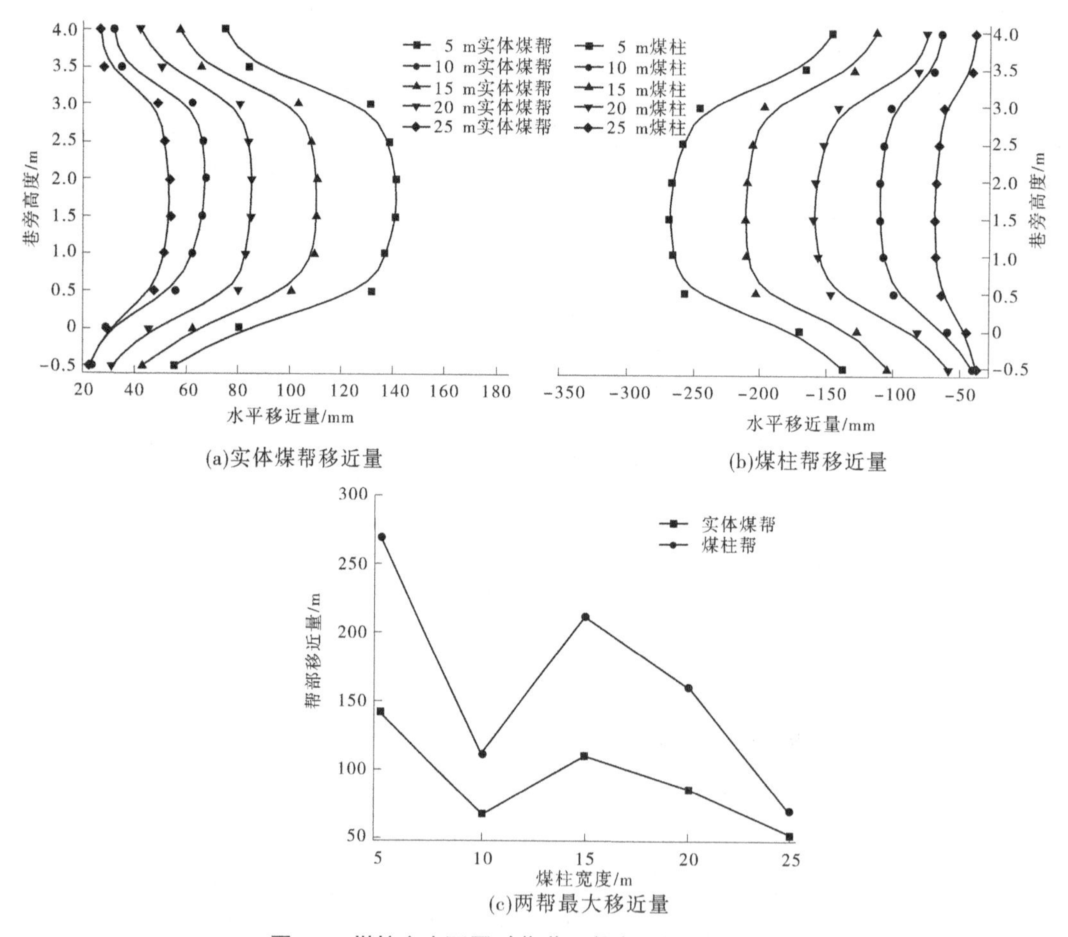

图5-9 煤柱宽度不同时巷道两帮水平位移变化规律

由以上分析可知,煤柱宽度为5 m时,煤柱帮和实体煤帮水平移近量最大,非对称变形分布形态明显,两者之间的变形差值为127 mm。煤柱宽度分别为15 m和20 m时,煤柱帮和实体煤帮水平移近量降低,非对称变形分布形态改善,两者之间的变形差值分别为101.1 mm和74.6 mm。煤柱宽度为25 m时,煤柱帮与实体煤帮之间的变形差值为17.5 mm,而煤柱宽度为10 m时,煤柱帮与实体煤帮之间的变形差值为40.9 mm。与巷道顶板变形规律相似,通过持续增加煤柱宽度可以使围岩应力集中得到缓解,降低巷道两帮的水平移近量,但是煤柱宽度的增加意味着煤炭资源的损失。10 m煤柱宽度与25 m煤柱宽度相比,巷道两帮移近量差值增加了23.4 mm,煤柱宽度却减小了15 m。合理的煤柱宽度不仅要维持巷道的稳定性,而且要提高资源回收率和增加经济效益。因此,综合 5 种煤柱宽度方案下巷道两帮水平位移变化规律的分析与比较,煤柱宽度为 10 m 方案较佳。

综上所述,煤柱宽度改变时巷道应力、应变能密度分布特征、塑性区发育范围及位移变化规律均产生较大差别。煤柱宽度为 5 m、15 m 和 20 m 时,围岩应力集中程度和储存的弹性应变能较高,巷道顶板和两帮变形量较大,不利于围岩结构的稳定性。10 m 煤柱宽度与 25 m 煤柱宽度相比,煤柱内应力集中和高应变能得到有效释放,巷道顶板和两帮变形量差值分别为 26 mm 和 23.4 mm,而煤柱宽度却减小了 15 m,这表明顶板预裂卸压后 10 m 的煤柱宽度就可以有效卸除围岩结构的高应力和高应变能,控制巷道围岩变形,降低能量积聚对岩体的动力扰动,增强巷道围岩的稳定性。

5.4　工作面回采期间巷道围岩稳定性分析

本区段工作面回采期间,掘巷顶板的承载关键层再次发生破断,关键块体 B[见图 3-1(a)]在实体煤帮上方发生旋转和下沉,在这一过程中顶板岩层的运动将不可避免地对巷道稳定性产生重要影响。为了揭示高应力沿空掘巷切顶卸压围岩在工作面回采期间的载荷传递机制和变形机制,对采动影响下巷道围岩的应力、应变能分布形态及位移演化规律进行了研究。

5.4.1　工作面回采期间巷道围岩应力和应变能分布特征

本工作面回采过程中,沿空巷道实体煤帮、煤柱帮的应力和应变能密度变化规律如图 5-10 所示。经分析可知,在整个回采过程中,实体煤帮的垂直应力和应变能密度均明显高于煤柱帮垂直应力和应变能密度。当巷道距工作面回采距离超过 40 m 时,围岩结构受采动应力影响较弱,巷道两帮垂直应力和应变能密度增长缓慢,垂直应力变化范围在 10.3~18.6 MPa,应变能密度变化范围在 245.6~568.4 kJ/m^3。随着工作面的不断推进,当巷道距工作面回采距离在 40 m 以内时,围岩结构受采动应力影响剧烈,煤体垂直应力和应变能密度快速增加。沿空巷道距离工作面分别为 30 m 和 10 m 时,实体煤帮和煤柱帮的应力和应变能密度分布特征分别如图 5-11 和图 5-12 所示。工作面回采结束,沿空巷道实体煤帮垂直应力和应变能密度峰值分别达到 24.4 MPa 和 856.2 kJ/m^3,均高于煤柱帮垂直应力和应变能密度峰值(14.3 MPa 和 383.2 kJ/m^3),这表明沿空巷道侧向顶板沿预制切缝垮落后,采动应力对煤柱内垂直应力和应变能的影响明显弱于实体煤帮,有效缓解了采动期间煤柱内的应力集中效应,及时释放了煤体内过多的应变能,进一步减弱了巷道受采动应力的影响程度,有利于实现围岩结构的长期稳定。

5.4.2　工作面回采期间巷道围岩位移演化规律

围岩结构的变形效应是巷道稳定性的直接体现,为了掌握回采过程中巷道顶板和两帮位移的变化特征,分别在顶板、实体煤帮和煤柱帮选取测点,监测回采期间其对应位置的位移变化规律,测点位置如图 5-13 所示。

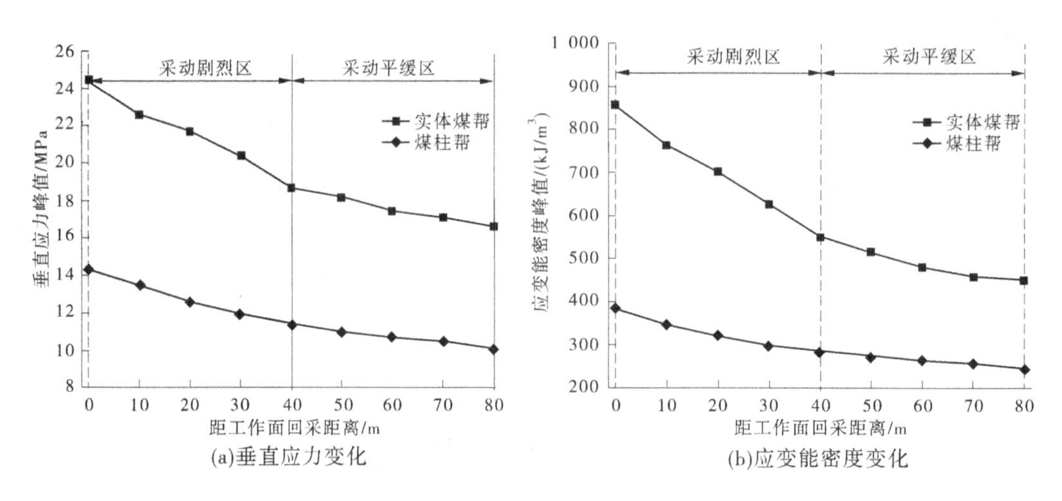

(a)垂直应力变化 (b)应变能密度变化

图 5-10 工作面回采过程中沿空巷道实体煤帮、煤柱帮应力和应变能密度变化规律

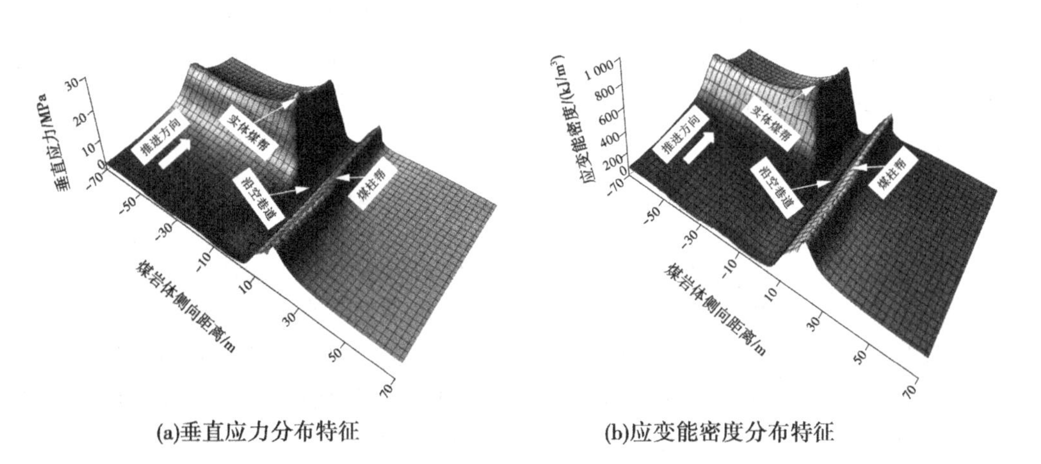

(a)垂直应力分布特征 (b)应变能密度分布特征

图 5-11 沿空巷道距离工作面 30 m 时实体煤帮和煤柱帮的应力和应变能密度分布特征

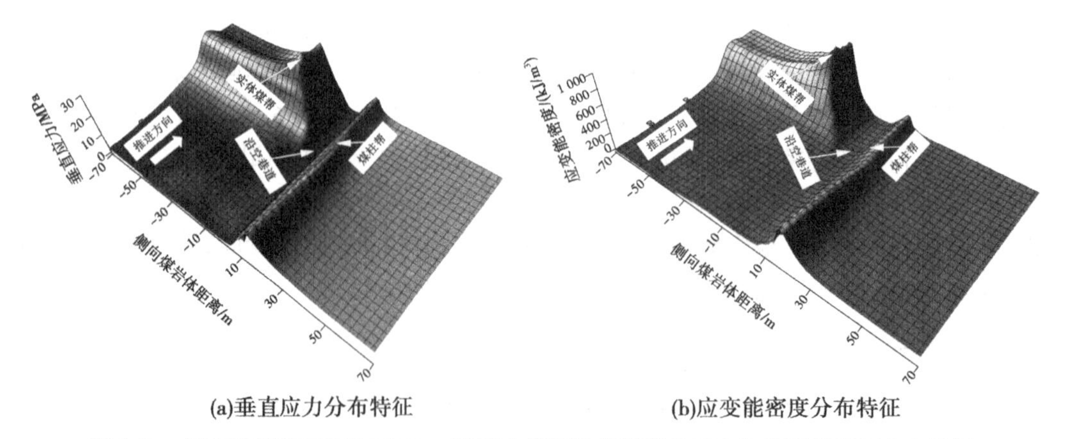

(a)垂直应力分布特征 (b)应变能密度分布特征

图 5-12 沿空巷道距离工作面 10 m 时实体煤帮和煤柱帮的应力和应变能密度分布特征

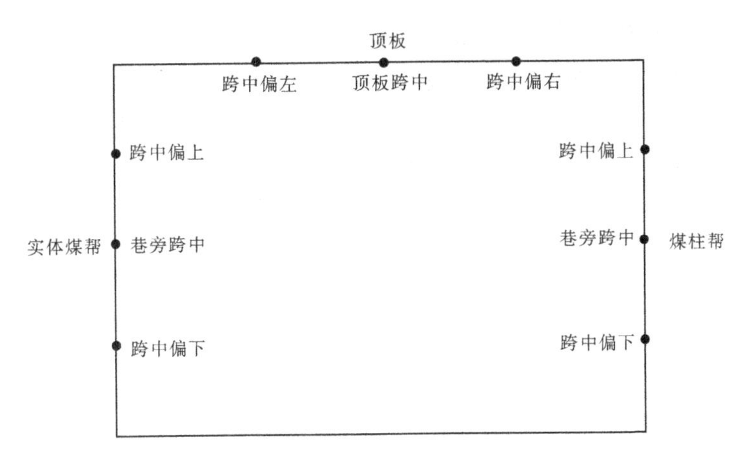

图5-13 巷道位移测点位置

5.4.2.1 巷道顶板垂直位移变化规律

工作面回采期间,巷道顶板垂直位移变化规律如图5-14所示。由图5-14可知,随着工作面开始推进,在采动压力影响下巷道顶板出现下沉,各部位变形增长速度较小且呈现出整体下沉的趋势。当回采面推进至距离巷道40 m时,顶板各部位变形速度增加,顶板跨中最大、跨中偏右次之、跨中偏左最小;随着工作面与巷道间的距离不断减小,顶板变形量持续增加。回采结束顶板跨中最大下沉量为263.4 mm,顶板靠煤柱侧(跨中偏右)最大下沉量(250.6 mm)大于顶板靠实体煤侧(跨中偏左)最大下沉量(246.3 mm),回采期间顶板跨中最大下沉量为掘巷期间顶板下沉量的1.7倍。

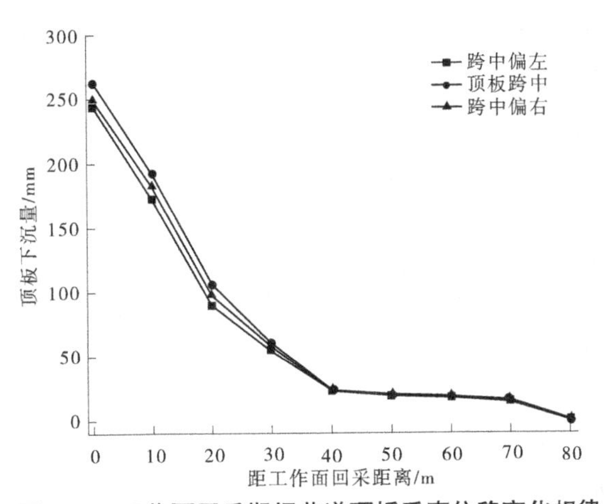

图5-14 工作面回采期间巷道顶板垂直位移变化规律

通过对回采期间巷道顶板各部位垂直位移变化特征分析可知,当回采面距离巷道超过40 m时,巷道顶板各部位呈现出整体下沉的变形趋势且变形量较低;当回采面距离巷道在40 m以内时,顶板各部位变形加速,跨中变形量最大,顶板靠煤柱侧变形量略高于顶板靠实体煤侧变形量。可见,沿空巷道顶板预裂卸压后,进一步缓解了采动期间坚硬顶板破断对其下部岩体的扰动程度,巷道顶板的完整性提高,非对称变形特征明显改善。

5.4.2.2　巷道两帮水平位移变化规律

工作面回采期间,巷道实体煤帮和煤柱帮水平位移变化规律如图 5-15 所示。同巷道顶板垂直位移变化规律相似,当工作面开始回采时,实体煤帮和煤柱帮各部位变形增长率较慢,移近量保持在 25 mm 以内;当工作面距离巷道接近 40 m 时,巷道两帮变形增长率明显加快。随着工作面与巷道间距离不断减小,移近量持续增加,至工作面回采结束煤柱帮平均移近量(168.2 mm)明显要高于实体煤帮平均移近量(117.7 mm),分别为掘巷期间相应部位移近量的 1.5 倍和 1.7 倍。

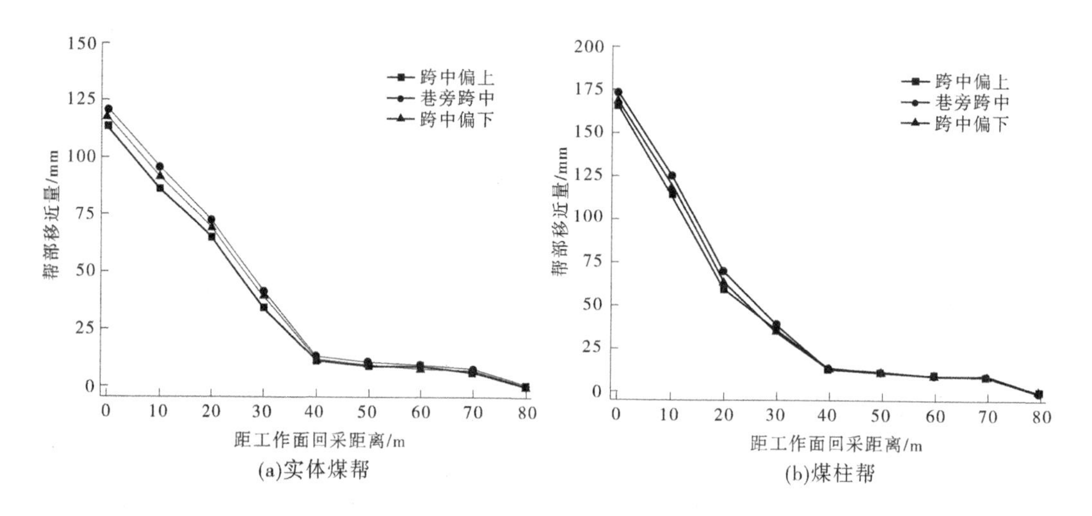

图 5-15　工作面回采期间巷道两帮水平位移变化规律

通过对回采过程中巷道两帮各部位水平位移变化规律分析可知,采动过程中实体煤帮和煤柱帮变形分布形态存在差异。当回采面距离巷道超过 40 m 时,实体煤帮和煤柱帮各部位变形缓慢增加且变形量较小;当回采面距离巷道在 40 m 以内时,巷道两帮变形速度加快且变形量持续增加,煤柱帮移近量要高于实体煤帮移近量,这表明在采动应力和支承压力的叠加影响下,煤柱帮的变形效应高于实体煤帮。

综上所述,工作面回采过程中,沿空巷道垂直应力和应变能密度不断发生动态调整,煤柱帮应力和应变能密度均小于实体煤帮,预裂切顶有效缓解了采动期间煤柱内的应力集中效应,及时释放了煤体内过多的应变能。回采面距离巷道超过 40 m 时,巷道围岩受采动应力影响较弱,顶板和两帮变形量较小;回采面距离巷道在 40 m 以内时,巷道围岩受采动应力影响逐渐增强,顶板和两帮变形量明显增大,煤柱帮变形程度要大于实体煤帮。因此,回采过程中可通过提高煤柱侧支护强度以增强煤体承载能力,进一步实现对煤柱帮的变形约束。

5.5　本章小结

以高应力沿空掘巷切顶卸压围岩稳定控制为研究背景,本章运用理论分析和数值模拟等研究方法揭示了上区段工作面顶板预裂填充条件下侧向煤岩体应力、能量分布形态,分析了煤柱宽度不同时围岩稳定性的演化过程,探讨了工作面回采过程中沿空巷道应力、能量传递规律和位移演化特征,并得到以下结论:

(1)上区段工作面顶板预裂填充后,侧向煤岩体垂直应力和应变能密度沿顶板切缝处向煤体深部表现为先增大后减小的变化规律,不同区域应力和应变能密度随岩层高度增加而逐渐降低,影响区宽度自上而下逐渐增大。顶板预裂卸压使侧向煤层内的垂直应力和应变能密度峰值转移到煤体深部并在煤壁边缘形成应力卸压区,有效释放了煤体浅部的弹性应变能,为沿空掘巷创造了有利的应力环境。

(2)煤柱宽度为 5 m 时,巷道顶板和两帮变形量较大,煤柱承担载荷过大导致其变形破坏,巷道失去稳定性。煤柱宽度为 10 m 时,顶板岩层载荷转移至实体煤侧承担,煤柱内应力和应变能密度均小于实体煤帮,巷道处在低值应力影响区,顶板和两帮变形量明显减小,岩体塑性区发育范围降低,增强了围岩结构的稳定性。煤柱宽度分别为 15 m 和 20 m 时,顶板岩层载荷由实体煤侧转移至煤柱侧承担,煤柱内应力和应变能密度远高于实体煤侧,巷道处在高值应力影响区,顶板和两帮变形量持续增加,岩体塑性区发育范围不断增大,容易导致巷道失去稳定性。

(3)工作面回采过程中,沿空巷道两帮垂直应力和应变能密度呈现先减小后增大的分布形态,实体煤帮垂直应力和应变能密度均高于煤柱帮。回采期间,工作面距离巷道超过 40 m 时,围岩受采动应力影响程度较弱,巷道变形量缓慢增加;工作面距离巷道在 40 m 以内时,围岩受采动应力影响程度逐渐增强,巷道变形量快速增加,至回采结束,顶板、煤柱帮和实体煤帮最大移近量分别达到 263. 4 mm、168. 2 mm 和 117. 7 mm。

第6章 预裂切顶沿空掘巷来压显现规律及覆岩运动特征分析

预裂切顶沿空掘巷实施过程中,高位岩层的多次垮落对低位岩层带来不同程度的压力,导致巷道围岩强度不断弱化、承载力持续降低,需要进一步分析沿空掘巷顶板岩层扩展至更高位岩层结构的运动特征。物理模型试验是基于相似理论按照一定的几何比例模拟岩体材料特性进行的相关试验,它是研究巷道围岩变形及覆岩运移规律的重要技术手段。结合物理模型试验方法,本章研究沿空巷道顶板预裂垮落后,破碎岩体充填条件下上覆顶板岩层运移特征及岩体压力的变化规律,揭示预裂切顶影响下巷道围岩的来压显现过程,从而掌握顶板岩层运动对沿空掘巷围岩的施载规律。

6.1 物理模型试验

6.1.1 试验目的

(1)研究工作面回采过程中上覆顶板岩层的运移规律和结构破断特征。

(2)分析不同层位顶板岩体变形的影响因素,揭示采空区岩体碎胀充填作用下煤岩体的应力分布特征。

(3)基于顶板结构预裂卸压效应,分析沿空巷道顶板载荷传递机制及位移、视电阻率的演化规律。

(4)结合不同时期顶板岩层运动特征,揭示岩层离层及裂隙发育与开采扰动的相互作用关系。

6.1.2 模型设计

基于高应力沿空掘巷的地质赋存条件和室内试验装置,物理试验模型的尺寸确定为:长×宽×高=250 cm×20 cm×120 cm,物理模型试验设计如图6-1所示。该模型主要由工作面煤层、巷道及护巷煤柱构成,巷道截面尺寸为:宽×高=5 m×3.5 m,两巷道之间的煤柱宽度为10 m。

6.1.3 相似参数确定

根据相似试验装置尺寸及预裂充填沿空掘巷的岩体模拟范围,确定相似模型与原型之间的几何相似比 $C_l=1/50$;岩体的平均密度为2.5 g/cm^3,模拟岩体的平均密度为1.25 g/cm^3,相似模型与原型之间的容重相似比 $C_\gamma=1/2$。由应力相似比与几何相似比及容重相似比对应关系,得到了应力相似比 $C_\sigma=C_l\cdot C_\gamma=1/100$。煤层上部覆岩载荷为7.5 MPa,通过物理模型与原型应力相似换算,施加在物理模型顶端的均布载荷为75 kPa。物理模型试验设计参数见表6-1,煤岩体高度分层方案见表6-2。

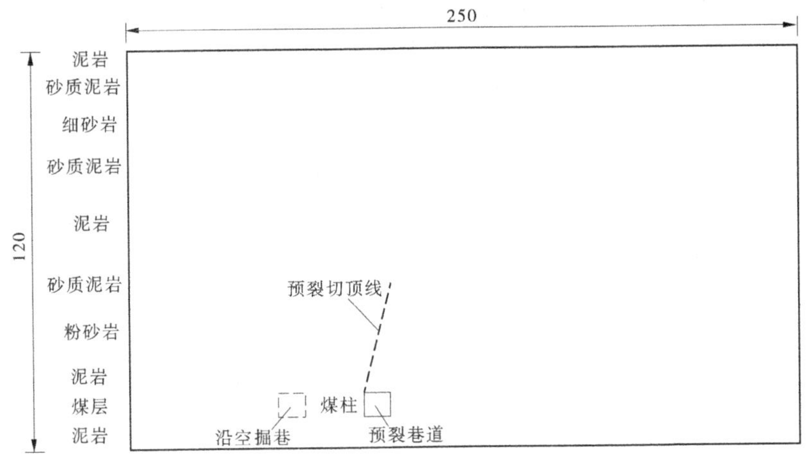

图6-1　物理模型试验设计　（单位:cm）

表6-1　物理模型试验设计参数

模型长/cm	模型高/cm	模型宽/cm	几何相似比 C_l	容重相似比 C_γ	应力相似比 C_σ
250	120	20	1/50	1/2	1/100

表6-2　煤岩体高度分层方案

岩层位置	岩性特征	原型/m		模型/cm		分层数
		层厚	累厚	层厚	累厚	
覆岩	泥岩	4. 5	57	9	114	3
	砂质泥岩	3	60	6	120	2
	细砂岩	9	52. 5	18	105	5
	砂质泥岩	5. 5	43. 5	11	87	3
	泥岩	10. 5	38	21	76	5
	砂质泥岩	6. 5	27. 5	13	55	3
老顶	粉砂岩	8	21	16	42	4
直接顶	泥岩	4	13	8	26	2
8#煤层	煤	4	9	8	18	2
直接底	泥岩	5	5	10	10	3

6.1.4　模型相似材料

铺设物理模型所使用的相似材料应该满足以下要求：

(1)各部分岩层相似材料力学性能指标稳定。

(2)模型与原型之间对应材料的力学特性相似。

(3)通过调整材料配比满足相应的力学性能指标。

(4)材料获取方便、制作简单、快速干燥。

根据以上要求,本试验选取的相似材料包括:河砂、石膏、碳酸钙和云母粉。其中,河砂可作为骨料,石膏和碳酸钙可作为胶结材料,云母粉可作为岩体之间的分层材料。基于文献[243]~文献[245]中物理模型试验材料配比强度,并在实验室中进行验证,确定了相似模型试验材料配比,模型试验所采用的相似材料力学参数及材料配比见表 6-3 和表 6-4。

表 6-3 物理模型相似材料力学参数

岩性	类型	单轴抗压强度/MPa	弹性模量/GPa	泊松比
细砂岩	原型	68.8	22.5	0.22
	模型	0.69	0.23	
砂质泥岩	原型	27.8	14.1	0.26
	模型	0.28	0.14	
粉砂岩	原型	47.6	17.8	0.24
	模型	0.48	0.18	
泥岩	原型	22.1	10	0.29
	模型	0.22	0.1	
煤层	原型	12	1.5	0.32
	模型	0.12	0.15	

表 6-4 模型试验相似材料配比

配料顺序	岩性	层厚/cm	累厚/cm	配比	质量/kg			水/kg
					河砂	碳酸钙	石膏	
1	泥岩	3	120	6:7:3	16.0	1.9	0.8	1.8
2		3	117		16.0	1.9	0.8	1.8
3	砂质泥岩	3	114	5:3:7	15.6	0.9	2.2	1.9
4		3	111		15.6	0.9	2.2	1.9
5		3	108		15.6	0.9	2.2	1.9
6	细砂岩	4	105	4:5:5	19.9	2.5	2.5	2.5
7		4	101		19.9	2.5	2.5	2.5
8		5	97		24.9	3.2	3.2	3.1
9		5	92		24.9	3.2	3.2	3.1

续表 6-4

配料顺序	岩性	层厚/cm	累厚/cm	配比	质量/kg			水/kg
					河砂	碳酸钙	石膏	
10	砂质泥岩	4	87	5:3:7	20.8	1.2	2.9	2.5
11		4	83		20.8	1.2	2.9	2.5
12		3	79		15.6	0.9	2.2	1.9
13	泥岩	5	76	6:7:3	26.6	3.1	1.4	3.1
14		4	71		21.3	2.5	1.1	2.5
15		4	67		21.3	2.5	1.1	2.5
16		4	63		21.3	2.5	1.1	2.5
17		4	59		21.3	2.5	1.1	2.5
18	砂质泥岩	5	55	5:3:7	26	1.6	3.5	3.1
19		4	50		20.8	1.2	2.9	2.5
20		4	46		20.8	1.2	2.9	2.5
21	粉砂岩	4	42	5:7:3	20.7	2.9	1.2	2.5
22		4	38		20.7	2.9	1.2	2.5
23		4	34		20.7	2.9	1.2	2.5
24		4	30		20.7	2.9	1.2	2.5
25	泥岩	4	26	6:7:3	21.3	2.5	1.1	2.5
26		4	22		21.3	2.5	1.1	2.5
27	煤	4	18	7:7:3	21.8	2.2	0.9	2.5
28		4	14		21.8	2.2	0.9	2.5
29	泥岩	3	10	6:7:3	16.0	1.9	0.8	1.8
30		3	7		16.0	1.9	0.8	1.8
31		4	4		21.3	2.5	1.1	2.5

6.1.5　试验监测系统

(1)试验台架顶部是气动加载装置,由 15 个气缸组成,每个气缸可产生最大为 1 MPa 的压力,相似试验材料模型如图 6-2 所示;气动加载控制仪[见图 6-3(a)]可调节气缸同时升降,并在模型顶端作用均布荷载。

(2)模型铺设过程中,按照设计要求预埋 BW-2 型岩体压力传感器,并与外部动态应变采集仪相连接,记录模型在整个开挖过程中各个层位岩体压力变化规律,如图 6-3(b)和(c)所示。顶板岩层压力测点布置如图 6-4 所示,监测不同开挖阶段岩层压力变化

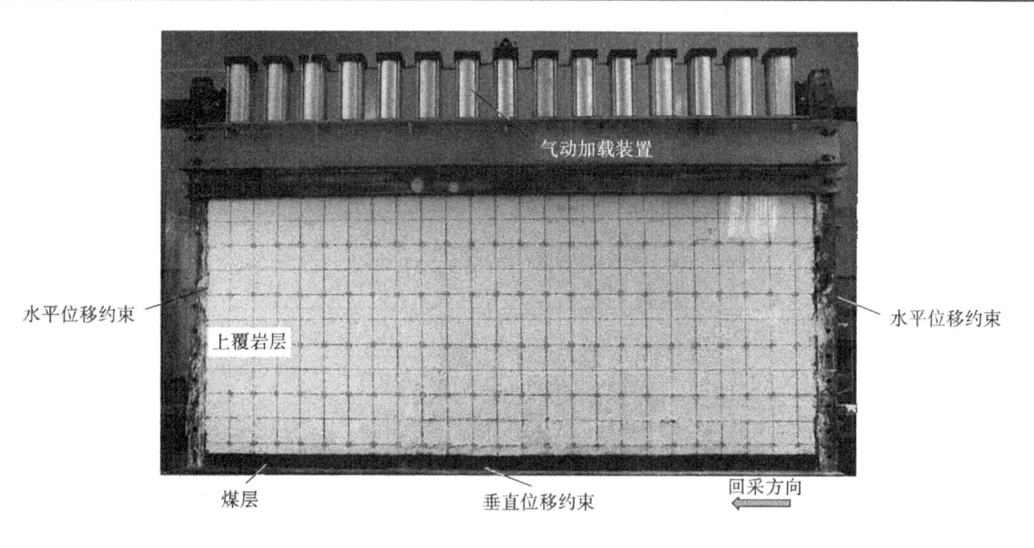

图 6-2 相似试验材料模型

情况。

(3)模型开挖过程中,岩层移动过程、岩体破断结构形态及巷道围岩变形采用数字摄影系统进行拍摄[见图 6-3(d)],后期采用图像分析软件 PhotoInfor 进行处理,获得岩体各点的变形情况。

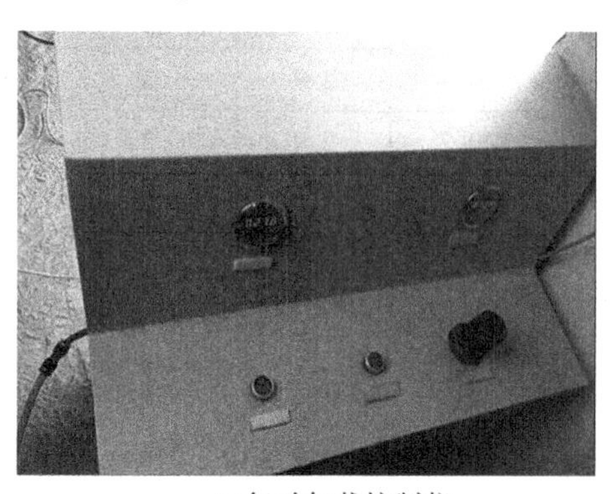

(a)气动加载控制仪

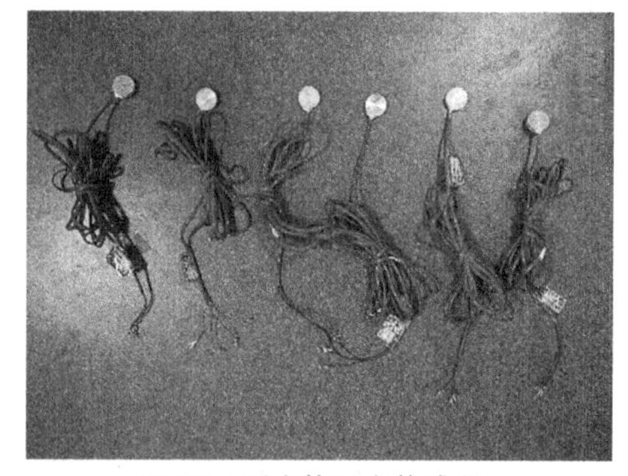

(b)BW-2型岩体压力传感器

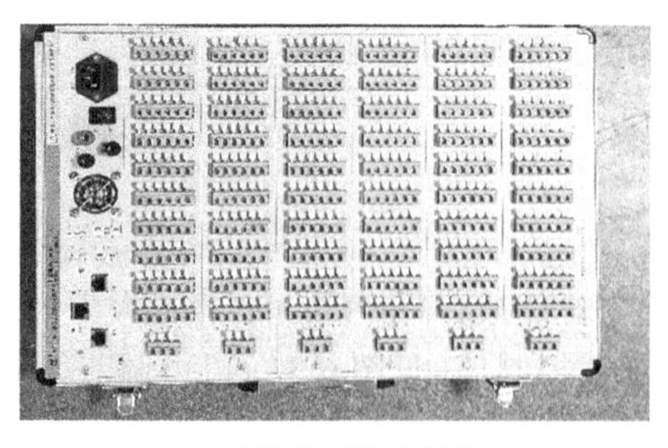

(c)静态应变采集仪

(d)数字摄影及图像处理系统

图 6-3 模型试验监测设备

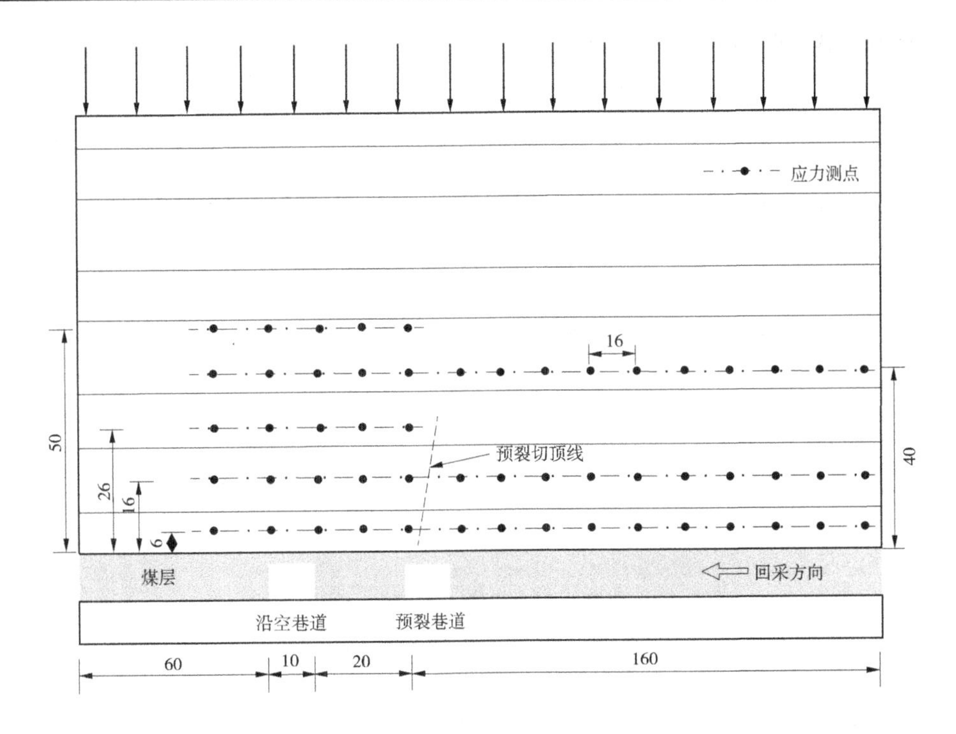

图6-4 顶板岩层压力监测点布置 （单位:cm）

(4)直流电阻率法作为物探的一种手段,广泛应用于隧道、煤矿等地下探水、地质异常预测预报中。目前,采用该探测技术在物理模型试验中研究顶板岩层运动对巷道围岩稳定性影响的研究成果较少。巷道开挖及工作面回采会破坏顶板岩层的完整性,引起岩体移动和变形,导致其结构状态、裂隙分布及破碎程度发生改变,而这些特征参数的改变与岩体视电阻率的变化密切相关。因此,可通过监测工作面推进过程中岩体视电阻率的变化规律,了解岩层离层及裂隙发育特征,分析巷道顶板岩层的变形破坏过程,为研究深部巷道围岩失稳提供一个新思路。

利用网络并行电法仪采集顶板岩层电场空间电位值,通过全空间视电阻率反演技术,根据等位岩层反映异常的原则,以电流电极为圆心,以发生电位异常的电位电极到电流电极的距离为半径画弧,它们在地下的交汇影像就是所探测的异常。视电阻率三维反演问题的一般形式可表示为

$$\Delta \boldsymbol{d} = \boldsymbol{G}\Delta \boldsymbol{m} \tag{6-1}$$

式中 $\boldsymbol{G}$——Jacobi矩阵;

$\Delta \boldsymbol{d}$——观测数据 d 和正演理论值 d_0 残差向量;

$\Delta \boldsymbol{m}$——初始模型 m 的修改向量。

顶板岩层视电阻率的探测采用铜电极测点,模拟煤层上部20 cm(10 m)位置处的顶板结构,电极测点间距为7 cm,共布置32个测点,如图6-5所示。工作面回采过程中,通过YBD11-Z型网络并行电法仪(见图6-6)监测岩层电位变化情况,利用视电阻率反演技术获得岩体视电阻率变化数据。数据采集时,电极测点外接引线与网络并行电法仪数据采集基站连接,供电恒流时间一般为0.5~1.0 s,采样间隔为50 ms,测取的一次场电位

为 60~1 000 mV,供电电流为 10~90 mA。

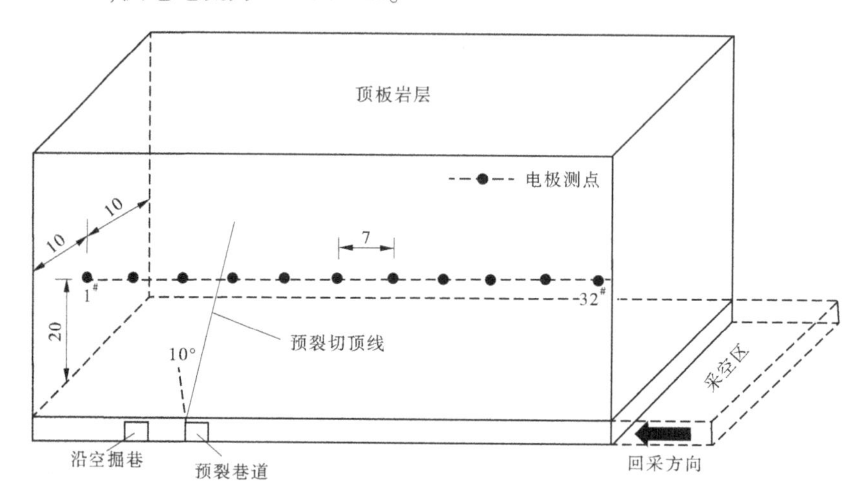

图 6-5　模型内部电极测点布置　(单位:cm)

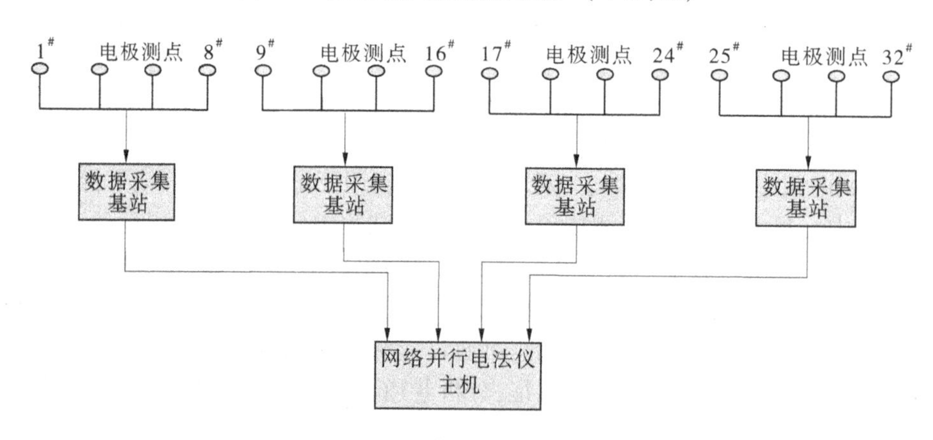

(a)电法仪监测过程

(b)电法仪主机和基站

图 6-6　YBD11-Z 型网络并行电法仪

6.1.6　试验过程

(1)按照试验要求将相似模型试验需要的材料提前备好,主要包括河砂、石膏、碳酸钙和云母粉。

(2)在模型台架内相应层位提前标出应力测点、铜电极测点及预裂切顶线的对应位置。将按照一定比例配好的相似材料放进模型台架内振捣、压实[见图6-7(a)],岩层之间的分界面采用云母粉模拟,直至将相似模型铺设到设计高度。

(3)模型放置3 d后,间隔拆除前后挡板,继续晾晒10 d,如图6-7(b)所示;在模型表面刷涂一层均匀的石灰水,利用墨盒标示十字网格线,作为位移基准点。

(4)架设相机,调整拍照位置,调试拍照软件;连接岩体压力传感器和动态应变采集仪,并同电脑相连,确保监测设备正常。

(5)利用气动加载控制仪在模型顶端通过气缸加载,模拟上覆岩层载荷。

(6)开挖上区段工作面巷道,然后自右向左开挖上区段工作面煤层。每次开挖10 cm,每次开挖完需要等待30 min再进行下次开挖,直至煤层开挖结束。

(7)上区段工作面开挖结束后等待1 d,然后进行本区段工作面沿空巷道开挖。

注意:模型开挖过程中要全程进行观察拍照,记录岩体压力、位移和视电阻率变化数据。

(a)模型振捣

(b)模型晾晒

图6-7　相似模型制作过程

6.2　模型试验结果分析

相似模型试验开挖结束后,将压力传感器、电法仪监测数据和用PhotoInfor图像软件处理的岩体位移数据按照相似比例转换,可获取不同时期顶板岩层移动特征及沿空巷道应力、位移和视电阻率变化规律。本节主要从顶板岩层运移特征和垮落形态,上覆岩层及巷道顶板应力分布特征、位移变化规律及视电阻率响应特征等方面进行分析。

6.2.1　顶板岩层运移特征和垮落形态

随着工作面的不断开挖,煤层采出的空间逐渐增大,煤层上部各顶板岩层出现离层、弯曲下沉和破断,由低位岩层向高位岩层发展,并呈现周期性垮落特征。在模型开挖过程中可以明显看到：在采动应力影响下，直接顶岩层抗变形能力弱，煤层开挖后不久顶板岩层弯曲下沉，与煤体相连的区域多呈随采随冒的现象，垮落的岩体不能充满采空区；坚硬老顶岩层抗变形能力强，在开挖过程中形成悬臂梁结构而不断裂，低位软弱岩层与高位坚硬岩层连接处不断出现离层现象，坚硬岩层的垮落下沉可同时带动上方多个高位岩层的弯曲下沉。

如图 6-8 所示，当工作面回采到 15 m 时，采空区上方直接顶岩层强度低，抗弯能力弱，受采动影响顶板开始下沉。随着顶板下沉量增加，直接顶受上部岩层约束程度急剧下降，岩层之间出现离层现象，由于煤壁前方仍具有一定的承载能力，岩层并未立即发生破断。当工作面回采到 20 m 时，采空区面积不断增大，低位岩层发生破断和垮落。低位破断岩体垮落高度较低，并不能有效充填采空区，横向裂隙在上部岩层内继续扩展，进一步加剧岩层离层的趋势。

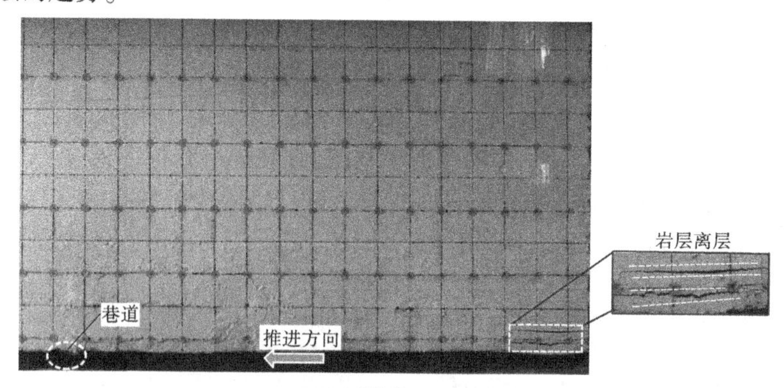

(a)回采15 m

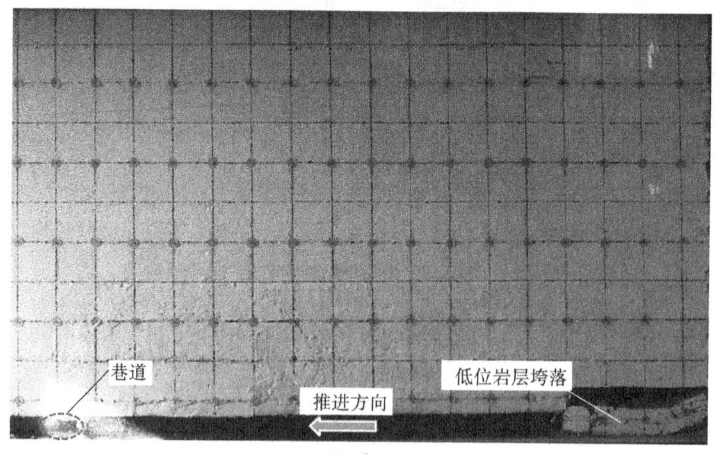

(b)回采20 m

图 6-8　工作面回采 15 m 和 20 m 时覆岩运移和垮落特征

如图 6-9 所示，当工作面回采到 25 m 时，采空区顶板呈现随采随冒的趋势。随着低位岩层的分层垮落，老顶岩层开始产生破断和下沉，其控制的上部岩层在一定范围内发生同步性垮落。采空区面积不断增大，煤壁上方再次形成悬臂梁结构。当工作面回采到 30 m 时，老顶发生周期性破断、旋转下沉，旋转角度接近 60°。老顶岩层的周期性垮落导致上部岩层出现明显的横向离层及同步破断，竖向裂隙继续向高位岩层扩展。

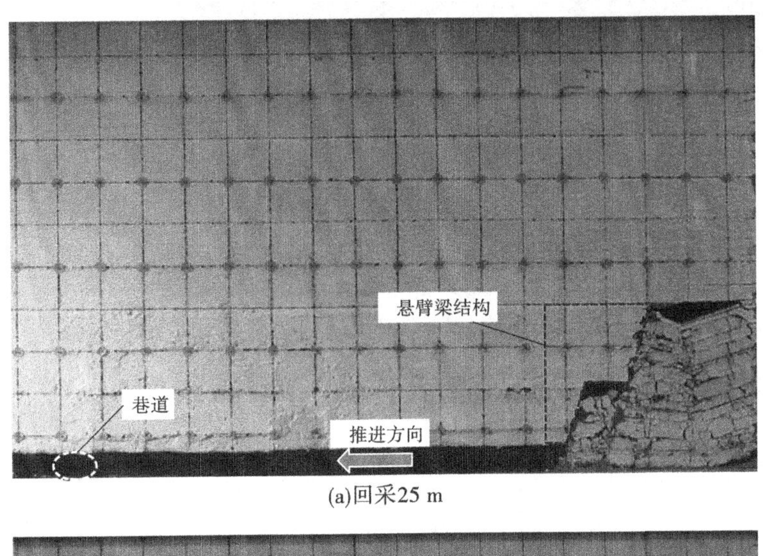

(a)回采25 m

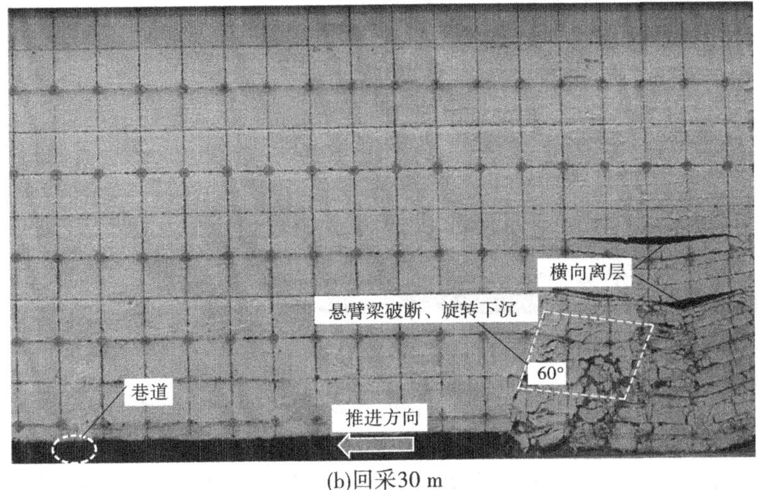

(b)回采30 m

图 6-9　工作面回采 25 m 和 30 m 时覆岩运移和垮落特征

如图 6-10 所示,当工作面回采到 35 m 时,在煤壁前方和采空区垮落边界的残留顶板区域形成楔形承载区。该区域岩层不仅承担高位岩层载荷,而且向低位岩层传递压力。同时,在楔形体内积聚了较多的弹性应变能,如果楔形体产生失稳垮落,将导致该区域弹性应变能释放,形成动载并作用于低位岩层。当工作面回采到 40 m 时,老顶岩层以悬臂梁的结构形态不断向前转移,呈现周期型的动态垮落特征。坚硬顶板的周期性垮落促使新生裂隙向岩层上部扩展,进一步加剧岩层之间的离层及弯曲趋势。

如图 6-11 所示,当工作面回采到 45 m 时,随着低位岩层的多次垮落,促使坚硬顶板岩层不断弱化、破断,坚硬顶板岩层垮落诱导高位多个岩层同时发生离层、弯曲和下沉,块体间形成互相约束的铰接岩梁结构。当工作面回采到 50 m 时,横、纵向裂隙持续向岩层更高和更宽的方向扩展,贯通至由 9 m 厚细砂岩组成的更高位稳定承载关键层。

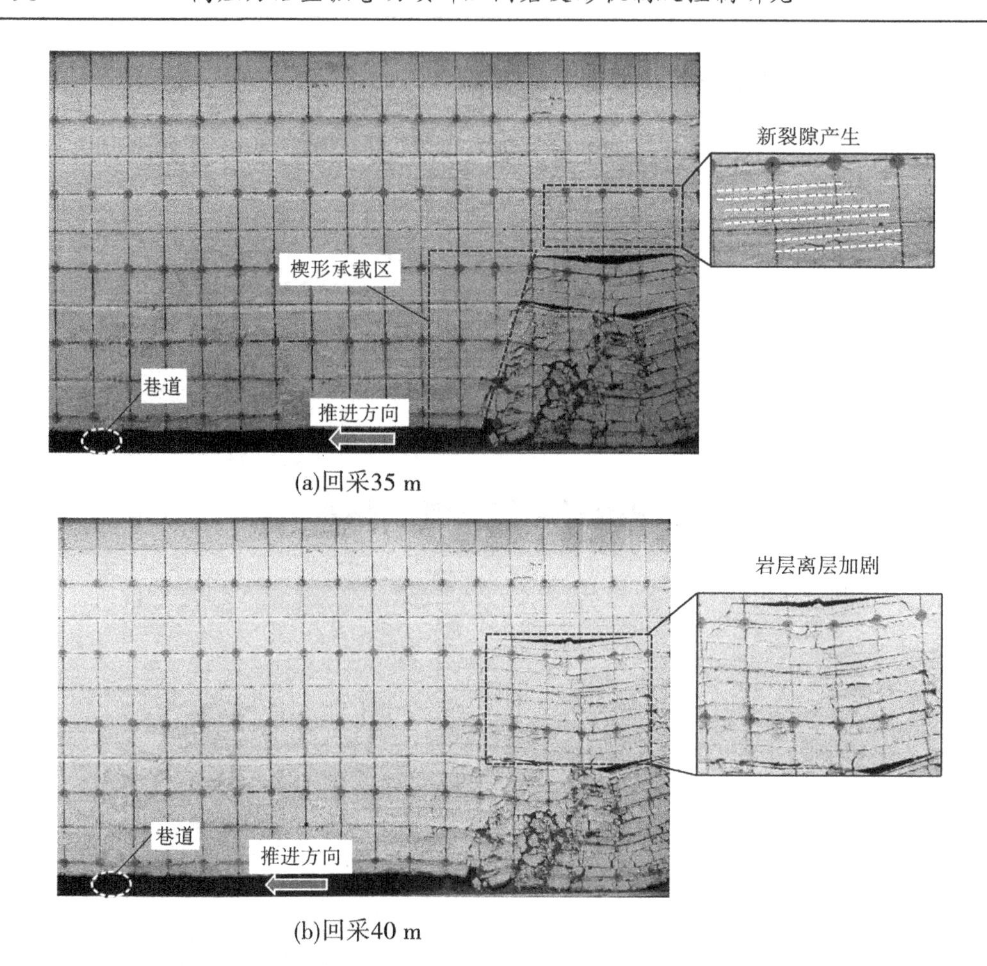

(a)回采35 m

(b)回采40 m

图 6-10 工作面回采 35 m 和 40 m 时覆岩运移和垮落特征

如图 6-12 所示,当工作面回采到 60 m 时,低位岩层的持续性垮落带动高位岩层同步弯曲下沉,采空区岩体逐渐被压实,顶板纵向和横向裂隙相互贯通。当工作面回采到 80 m 时,煤层上方 16 m 高度内,顶板岩层在预裂切顶线的诱导下会发生垮落。距离煤壁边缘 10 m 范围内,采空区岩体继续产生破碎、下沉,垮落堆积体沿顶板高度方向呈现出上部块体尺寸大、下部块体尺寸小的分布形态;在顶板同一高度内,块体间空隙、大小基本一致。由于块体的运动特性,破碎岩体间相互挤压、咬合,加快了破碎岩体之间的空隙闭合。同时,破碎后的岩体产生碎胀变形,导致其体积增大。通过模型试验现场观察,破碎岩体充满煤层回采产生的采空空间并与高位稳定岩层结构接触,这与 4.3 节的模拟结果基本一致,进一步验证了巷道顶板岩层切顶高度 16 m 的合理性。

采空区垮落岩层稳定后开挖沿空巷道,巷道断面尺寸为 10 cm×7 cm,区段煤柱宽度为 20 cm[见图 6-12(c)]。巷道在开挖过程中,顶板岩层没有产生离层及裂隙,采空区顶板结构无明显变化,这表明对沿空巷道侧向顶板岩层进行预裂切顶,岩体结构由长悬臂变为短悬臂,不仅能够缓解顶板压力,释放岩体积聚的弹性势能,而且可以加快岩层的垮落、压实过程。

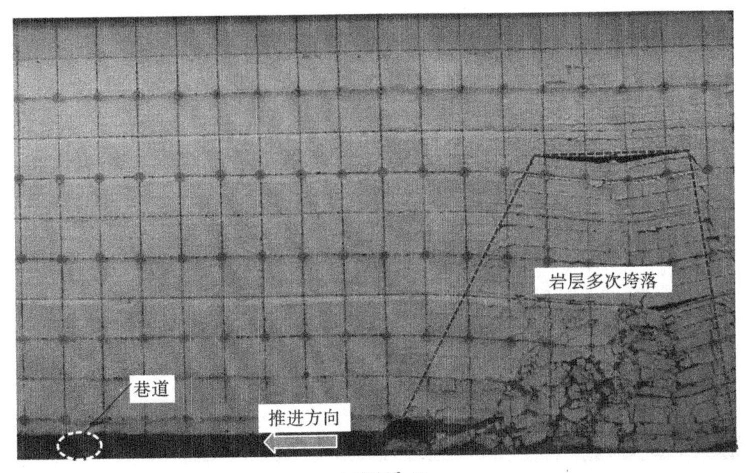

(a)回采45 m

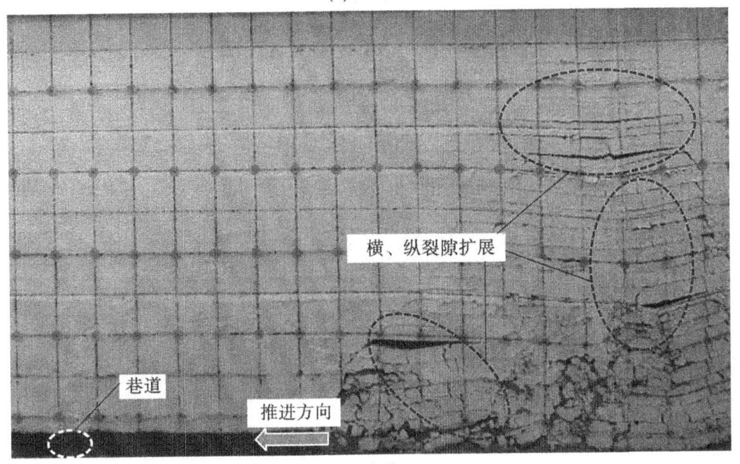

(b)回采50 m

图6-11 工作面回采45 m和50 m时覆岩运移和垮落特征

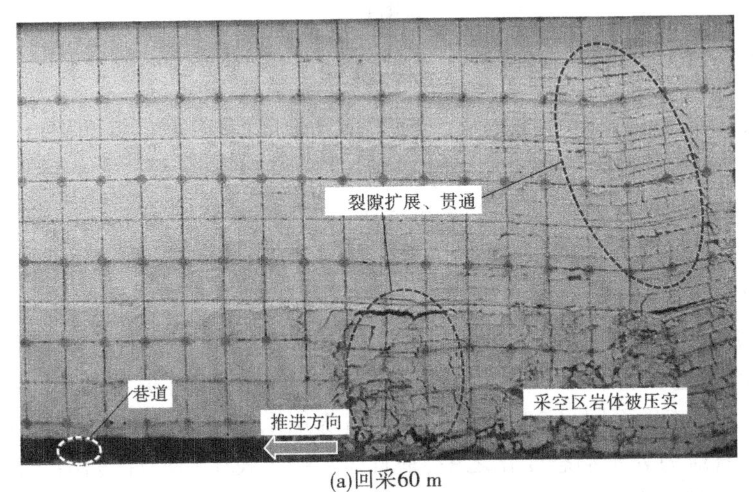

(a)回采60 m

图6-12 工作面回采60 m、80 m及开挖沿空巷道时覆岩运移和垮落特征

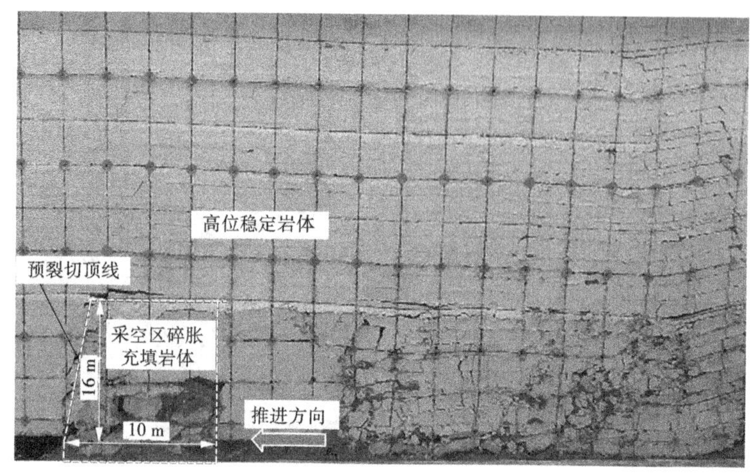

(b)回采80 m

(c)开挖沿空巷道

续图 6-12

6.2.2　上覆岩层及巷道顶板应力分布特征

随着工作面的不断开挖，直接顶和老顶岩层发生周期性垮落，采动支承压力不断向煤岩体前方转移，在此过程中上覆岩层及巷道顶板应力产生显著变化。开挖过程中，煤层上部 3 m、8 m 和 20 m 位置处顶板垂直应力分布特征如图 6-13 所示。

由图 6-13 可知，工作面回采 0~20 m 时，煤层上部 3 m 位置处顶板岩层随采随冒，支承压力向煤壁前方转移，在距煤壁边缘 0~11 m 内出现应力增高区，垂直应力达到峰值 9.5 MPa，应力集中系数为 1.3；煤层上部 8 m 位置处岩层属于坚硬老顶岩层，由于尚未达到初次来压步距，老顶岩层并未发生破断，煤壁前方垂直应力峰值达到 14.4 MPa，应力集中系数为 1.9。当工作面回采 20~40 m 时，随着煤层采出空间的增大，煤层上部 3 m 位置处顶板岩层垂直应力处于动态变化之中，垂直应力峰值发生周期性转移；煤层上部 8 m 位置处坚硬顶板达到初次来压步距，发生破断和旋转下沉，矿压显现比较剧烈，煤壁前方垂

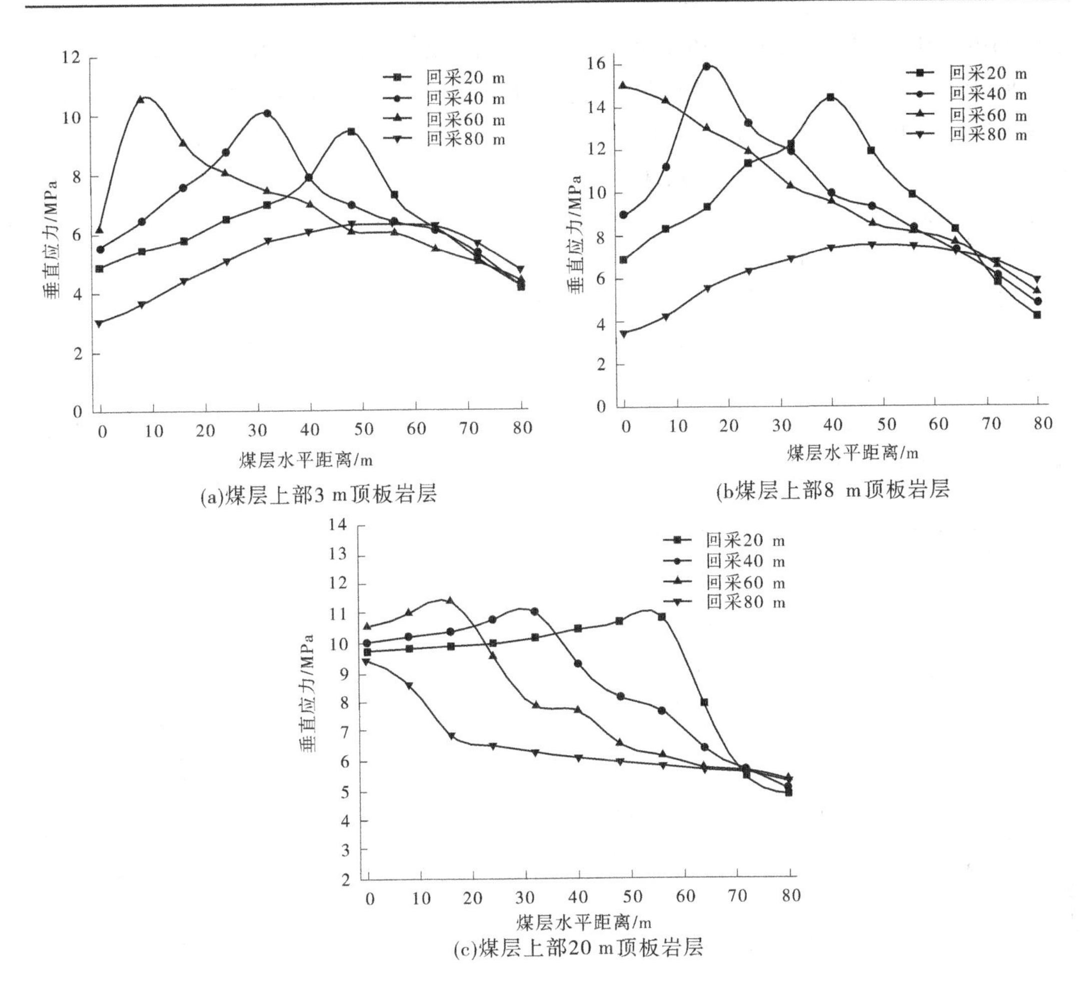

图6-13 开挖过程中煤层上部顶板岩层垂直应力分布特征

直应力峰值达到16 MPa,应力集中系数为2.1。工作面回采40~60 m时,随着工作面的推进,煤层上部3 m位置处顶板岩层支承压力峰值不断向前发生转移,峰值位置距煤壁边缘持续增大;煤层上部8 m位置处顶板岩层发生周期性垮落,超前支承压力峰值产生周期性转移,随着距预裂切顶线的位置不断靠近,顶板卸压的作用逐渐显现出来,垂直应力峰值降低至15 MPa,应力集中系数降低为2。工作面回采80 m时,即回采面到达岩层预裂切顶线的位置,在预裂切顶结构面的诱导下煤层上部3 m位置处顶板岩层完全垮落,垂直应力峰值降至2.8 MPa,应力集中系数降低为0.4;煤层上部8 m位置处顶板岩层沿着预裂切顶线被顺利切落,垂直应力峰值进一步降低至3.6 MPa,应力集中系数降低为0.5,这表明对巷道顶板实施预裂切顶后,岩层结构由长悬臂变为短悬臂,卸除了煤壁前方的应力集中效应,使掘巷顶板应力分布再次发生调整。

煤层上部20 m位置处顶板岩层位于预裂切顶线的上方,其应力状态较为稳定,承担着高位岩层载荷向其下部岩层传递的压力,其矿压显现过程具有一定的滞后性。坚硬老顶垮落前,煤层上部20 m位置处顶板受扰动程度较弱,岩层垂直应力变化较小。工作面回采40 m时,低位岩层持续垮落,坚硬老顶岩层产生破断,该区域岩层失去其下部坚硬顶板的约束作用,自上而下同步产生弯曲下沉,并在煤壁前方形成应力升高区。随着煤层回采空间的进一步增大,老顶岩层周期性破断,该区域内岩层垂直应力有所增加。当工作面回采 80 m 时,即回采面到达预裂切顶线时,悬顶结构被切落,采空区破断岩体支撑高位顶板岩层,煤层上部 20 m 位置处岩层垂直应力快速降低,有效隔绝了高位岩层多次破断对沿空巷道的冲击影响。

由以上分析可知,随着工作面的回采,煤层上部 3 m 位置处顶板随采随冒,岩层垂直应力处于动态变化之中。煤层上部 8 m 位置处顶板达到初次来压后,岩层垂直应力峰值发生周期性前移,压力显现较为剧烈。煤层上部 20 m 位置处顶板岩层应力状态较为稳定,压力显现过程具有滞后性。当采空区顶板沿着预裂切顶线被切落后,不同高度顶板垂直应力明显下降,减弱了外侧残留顶板施加在煤壁前方的附加载荷,实现了沿空巷道顶板卸压的主动控制。顶板岩层沿巷道宽度和高度方向应力分布特征如图 6-14 所示。

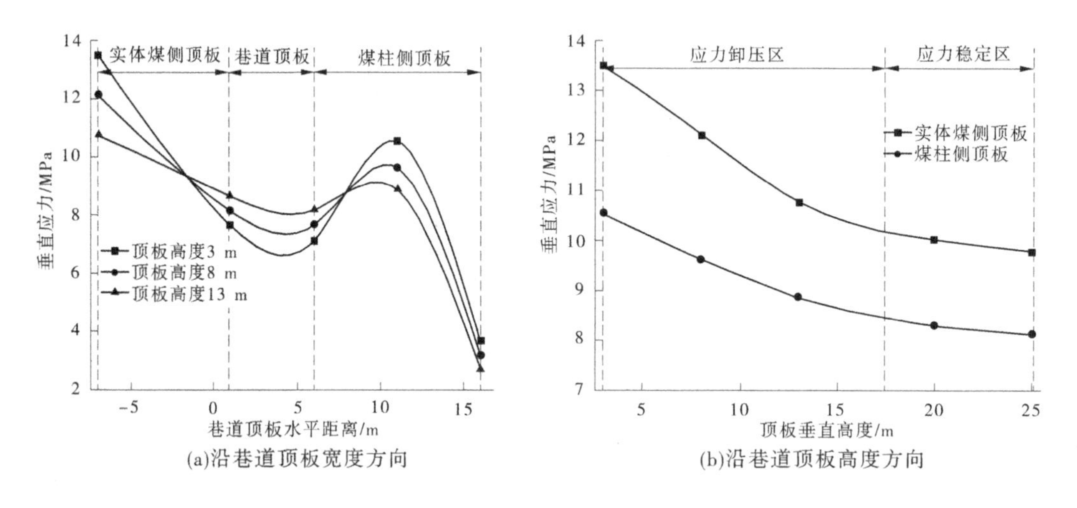

图 6-14　沿空巷道顶板岩层沿巷道顶板宽度和高度方向垂直应力分布特征

由图 6-14(a)可知,采空区顶板岩层在超前支承压力作用下沿着预裂切顶线及时垮落,巷道围岩处在应力降低区。煤柱侧和实体煤侧顶板存在应力集中现象,但是同一高度内煤柱侧上方顶板岩层垂直应力明显小于实体煤侧上方顶板岩层垂直应力,这表明预裂切顶降低了煤柱侧顶板承担的覆岩载荷,缓解了工作面回采引起的应力集中。

巷道顶板不同高度岩层垂直应力变化规律,如图 6-14(b)所示。在应力卸压区顶板高度 0~16 m 内,巷道开挖造成围岩浅部岩体强度弱化,低位岩层顶板垂直应力快速向高位岩层传递、转移;随着高度的不断增加,顶板岩层垂直应力快速降低,这表明在应力卸压区高度内,预裂切顶能够隔绝和卸除悬臂梁结构产生的应力集中效应。在应力稳定区顶板高度 16~25 m 内,巷道不同层位顶板垂直应力缓慢降低逐渐进入稳定阶段,这是因为采空区切落后的岩体形成稳定的垮落堆积体并对高位岩层起到有效的支撑作用,垮落堆积体与高位岩层共同形成载荷传递的承载大结构,大结构的存在降低了巷道顶板岩层承担的载荷,进而为沿空掘巷小结构的稳定性和完整性提供了保障。

6.2.3　上覆岩层及巷道顶板位移变化规律

由顶板岩层运移和垮落特征分析可知,采动影响下低位顶板岩层弯曲下沉过程剧烈,坚硬老顶岩层不仅控制高位岩层的移动和垮落,同时与其下部低位岩层的变形具有一定的协同性。因此,研究上覆岩层和巷道顶板位移演化规律对实现围岩结构的稳定性控制具有重要意义。工作面回采过程中,煤层上部3 m、8 m和20 m位置处顶板岩层垂直位移变化规律如图6-15所示。

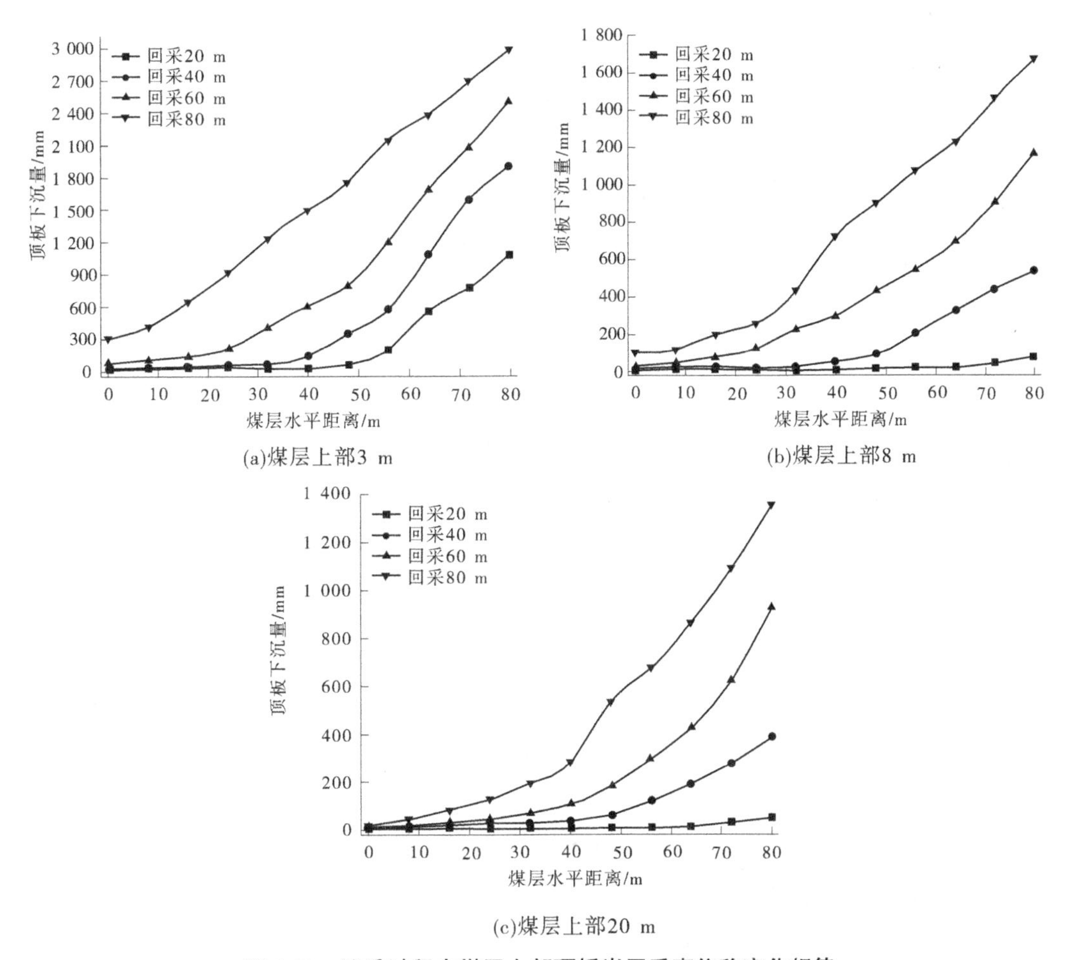

图6-15　回采过程中煤层上部顶板岩层垂直位移变化规律

由图6-15可知,随着工作面的回采,煤层上部顶板岩层沿垂直方向发生不同程度的下沉。当工作面回采20 m时,煤层上部3 m位置处顶板岩层相继发生离层、弯曲下沉和垮落,最大下沉量达到1 077.8 mm;煤层上部8 m和20 m位置处顶板岩层尚未发生破断,主要表现为弯曲变形,顶板岩层下沉量不大。当工作面回采40 m时,随着煤层采出空间的增大,低位岩层的下沉量持续增加;煤层上部8 m位置处坚硬顶板发生初次垮落,顶板原有平衡状态被打破,岩层下沉量迅速增加并达到541.3 mm;高位岩层由于失去其下部坚硬顶板的承载作用,岩层离层和弯曲下沉随之向上扩展,煤层上部20 m位置处顶板岩层最大下沉量达到385.3 mm。当工作面回采60 m时,采空区垮落岩体在上部岩层载荷作用下逐渐被压实,低位岩层的下沉量缓慢增加;煤层上部8 m位置处坚硬顶板发生周期性破断,同时垮落高度持续向更高位岩层扩展并带动高位岩层的大范围下沉,顶板变形量继续增加。当工作面回采距离达到80 m时,悬顶结构沿着预制切缝垮落,低位岩层持续产生压缩变形,煤层上部3 m位置处顶板岩层下沉量为304.1 mm;煤层上部8 m坚硬顶板由于采空区垮落高度增加,垮落岩体的碎胀充填效果增强,顶板岩层下沉量降低至106.1 mm;煤层上部20 m位置处顶板岩层在下部岩层的支撑下变形趋于稳定,岩层下沉量进一步降低至57.8 mm。

由以上分析结果可知,回采过程中煤层上部3 m位置处顶板岩层靠近煤岩结合区域,受采动影响较为剧烈,更易产生弯曲下沉和垮落,岩层下沉量较大。煤层上部8 m位置处顶板岩层发生周期性破断、回转,并带动更高位岩层产生大范围垮落,从而促使低位岩层进一步产生压缩下沉。当巷道侧向顶板被切落后,采空区破碎岩体形成稳定的承载结构并支撑高位岩层,较好控制了高位顶板的弯曲变形,有效隔离了高位岩层剧烈下沉给沿空巷道带来的动载效应。顶板岩层沿巷道宽度和高度方向垂直位移变化规律如图6-16所示。

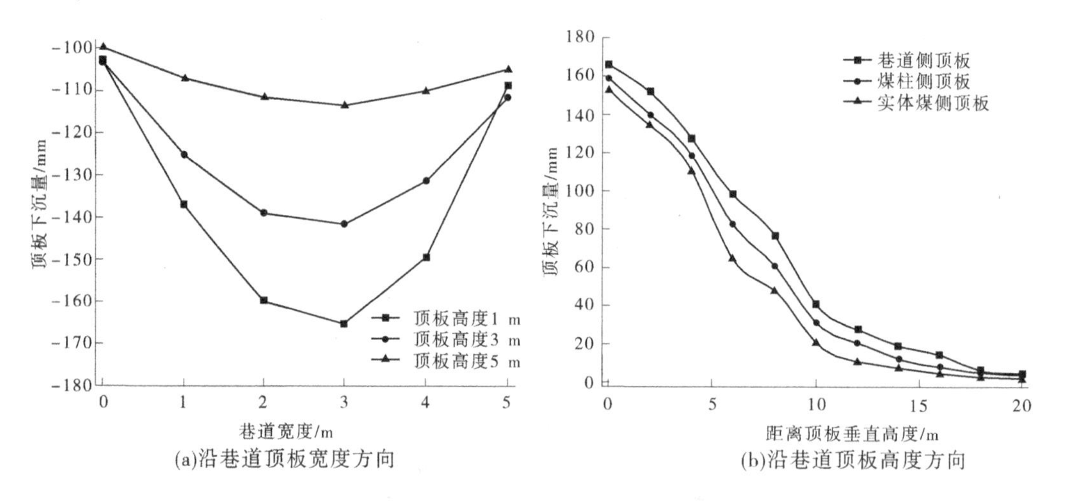

(a)沿巷道顶板宽度方向 (b)沿巷道顶板高度方向

图6-16 沿空巷道顶板沿巷道宽度和高度方向垂直位移变化规律

由图6-16(a)可知,巷道开挖完成后,不同高度顶板岩层沿巷道宽度方向产生不同程度的变形。顶板高度在1 m、3m和5 m位置时,岩层最大下沉量依次达到163.5 mm、141.6 mm和113.5 mm。以巷道中心为对称轴,顶板变形表现为非对称形式,同一高度内靠近煤柱侧顶板下沉量要略高于靠近实体煤侧顶板下沉量。为了验证模型试验结果的可靠性,理论计算、数值模拟和模型试验预测的顶板变形结果见表6-5。由表6-5可知,通过理论计算、数值模拟和模型试验预测的顶板下沉量分别为146.9 mm、158.5 mm和163.5 mm,采用三种方法确定的顶板变形结果基本吻合,进一步验证了模型试验的合理性。

随着顶板高度的增加,巷道侧、实体煤侧和煤柱侧顶板岩层的下沉量如图6-16(b)所示。在顶板高度0~10 m内,岩层下沉量比较明显,顶板下沉曲线表现为斜率不断增大的降低趋势。巷道侧顶板下沉量最大,煤柱侧顶板下沉量次之,实体煤侧顶板下沉量最小。

在顶板高度 10~20 m 内,岩层下沉量缓慢降低,并逐渐趋于稳定。巷道开挖完成后,顶板浅部岩体进入塑性变形阶段,岩层变形量较大;随着顶板高度的增加,岩体相继进入弹塑性和弹性变形阶段,岩层下沉量由巷道浅部岩体向深部岩体逐渐减少。预裂切顶卸除了侧向顶板破断和旋转变形产生的应力集中,巷道侧顶板发生塑性破坏的范围减小,岩体进入弹塑性和弹性变形的范围增加,抑制顶板岩层变形向高位岩层扩展。同时,采空区垮落堆积体对高位岩层的支撑作用增强,进一步缓解了高位岩层对巷道顶板的施载效应,使顶板岩层变形能够较快趋于稳定。

表 6-5　理论计算、数值模拟和模型试验预测的巷道顶板变形结果

预测方法	理论计算	数值模拟	模型试验
顶板最大下沉量/mm	146. 9	158. 5	163. 5

6. 2. 4　上覆岩层及巷道顶板视电阻率响应特征

将试验过程中获得的监测数据利用视电阻率软件进行处理,得到视电阻率解编数据,然后录入模型坐标生成视电阻率剖面图。模型工作面推进过程中,煤层上部 10 m 位置处顶板岩层视电阻率分布形态如图 6-17 所示。

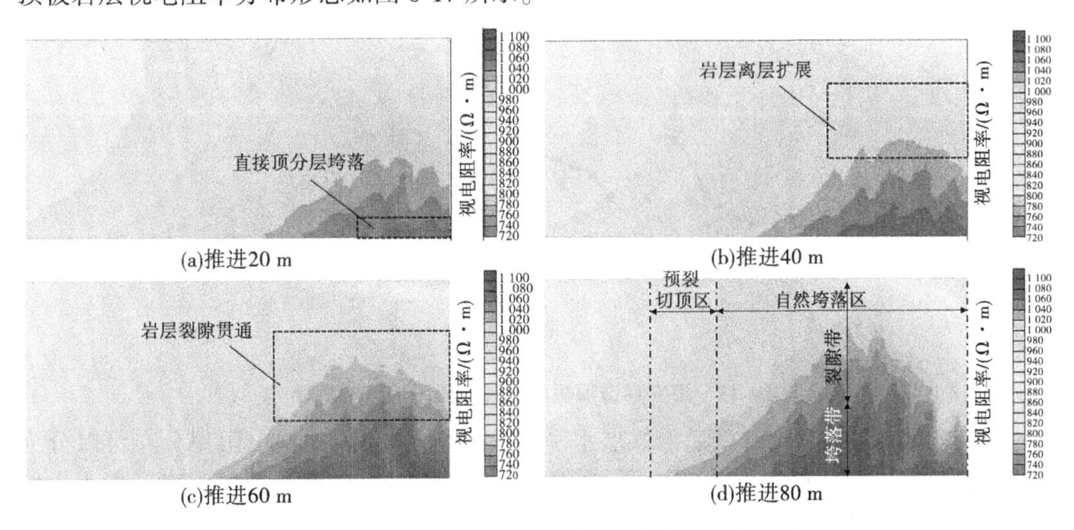

图 6-17　工作面推进过程中上覆岩层视电阻率分布形态

由图 6-17 可知,模型工作面推进 20 m 时,直接顶岩层呈现分层垮落形态,采空区岩体碎胀填充效果差,存在大量采出空间,视电阻率迅速升高,岩体导电能力减弱。随着岩层高度的增加,直接顶与老顶岩层接触面附近视电阻率增大,表明岩体存在裂隙或离层发育情况;高位顶板岩层视电阻率降低,表明在坚硬老顶岩层支撑下,更高位岩层受采动影响较弱,岩体弯曲变形较小。模型工作面推进 40 m 时,老顶发生破断,视电阻率持续增加,影响范围进一步增大,表明随着煤层采出空间的增大,岩体裂隙逐步向上扩展导致岩层离层加剧,并带动较高层位岩体同步发生破裂变形或下沉,这与模型试验观察的现象很吻合。模型工作面推进 60 m 时,老顶岩层发生周期性破断,视电阻率峰值呈现周期式前

移,且影响范围沿水平和垂直方向大幅增加,表明岩体裂隙或离层范围持续扩大,且裂隙沿垂向和横向相互贯通,形成破裂带。模型工作面推进距离达 80 m 时,在自然垮落区视电阻率沿垂直方向呈条块状形态分布,其对应为坚硬顶板破断后竖向裂隙持续向更高位岩层扩展导致岩层整体破坏及下沉,依次形成垮落带及裂隙带;在预裂切顶区,视电阻率呈现渐近减小趋势,表明垮落充填体在高位岩层的压缩下逐渐被压实并形成稳定承载结构,岩层裂隙及空隙快速闭合,视电阻率明显下降。

由以上分析可知,视电阻率分布形态能够清晰地反映出顶板岩体的运移特征及裂隙发育过程。随模型工作面的不断推进,视电阻率峰值分布呈现周期性前移,影响范围沿横向和垂向不断扩展,这与模型试验过程中老顶岩层发生周期性破断,岩体裂隙及离层沿水平和垂直方向发育相吻合。预裂切顶处岩体视电阻率呈现不断降低的趋势,表明切落后的堆积体在上覆岩层作用下逐渐被压实,进一步加快了岩体内部裂隙和空隙闭合,为沿空掘巷创造了有利条件。沿空巷道顶板岩层视电阻率的分布规律如图 6-18 所示。

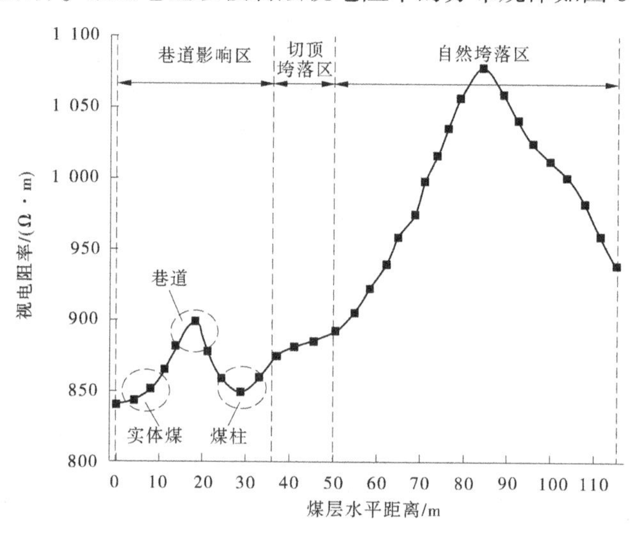

图 6-18 沿空巷道顶板岩层视电阻率的分布规律

由图 6-18 可知,巷道开挖后沿煤层水平方向,顶板岩层内的视电阻率分布可以分为三部分:自然垮落区、切顶垮落区和巷道影响区。在自然垮落区内,视电阻率呈现为先增大后减小的变化规律,距煤柱边缘 46. 2 m 处视电阻率达到峰值 1 066. 7 Ω · m,表明自然垮落区内顶板岩层离层或裂隙不断扩展,裂隙相互贯通,岩层产生大范围破裂、垮落和下沉现象。在切顶垮落区内,巷道侧顶板旋转下沉,沿着预裂切顶线滑落,视电阻率减少至 886. 3 Ω · m 左右,影响范围大幅降低,表明垮落后的大块岩体在上部岩层压力作用下继续发生破碎,破碎形成的小块体填充大块岩体之间的空隙,最大程度地减小了块体结构间的空隙率,使垮落堆积体和煤柱构成稳定的承载结构,能够共同抵抗上部岩层离层和弯曲变形的发生。在巷道影响区,受岩体开挖影响,视电阻率增加至峰值 902. 3 Ω · m,而煤柱帮和实体煤帮顶板视电阻率则继续降低,表明随着采空区悬露顶板的切落,老顶破断位置由巷道上方转移至预裂切顶处,巷道顶板的完整性随之提高。垮落堆积体对高位岩层的支撑作用不断加强,煤柱和实体煤帮承担的顶板岩层压力降低,进一步减少了岩体内裂隙和离层变形的产生,增强了巷道围岩的稳定性。

6.3　本章小结

基于相似模拟理论,本章建立了物理试验模型,研究了破碎岩体填充条件下顶板岩层结构的运移特征及垮落形态,揭示了岩层离层及裂隙发育与开采扰动的关系,分析了预裂切顶影响下沿空巷道顶板的应力分布特征、位移和视电阻率演化规律,得到了以下结论:

(1)工作面回采过程中,低位顶板岩层距离煤层近,受采动影响剧烈,易产生岩层离层和弯曲变形,呈现多次分层垮落的现象。上部坚硬顶板发生周期性破断、下沉,导致横向、纵向裂隙不断向高位岩层扩展,并带动更高位岩层产生同步性弯曲下沉和垮落。

(2)顶板预裂切断了巷道与外侧残留顶板的结构联系,巷道围岩处在应力降低区,同一高度内煤柱侧上方顶板岩层垂直应力明显小于实体煤侧上方顶板岩层垂直应力。巷道顶板高度 0~16 m 内,低位岩层顶板垂直应力快速向高位岩层传递、转移,随着高度的不断增加,顶板岩层垂直应力快速减小;巷道顶板高度 16~25 m 内,采空区破碎岩体对高位岩层的支撑作用逐步增强,降低了巷道顶板岩层承担的载荷,岩层垂直应力逐渐趋于稳定。

(3)巷道顶板岩层变形呈现非对称形式,同一高度内靠近煤柱侧顶板下沉量要略高于靠近实体煤侧顶板下沉量。巷道顶板高度 0~10 m 内,岩层变形比较明显,顶板下沉量表现为快速降低的趋势;巷道顶板高度 10~20 m 内,预裂切顶卸除了侧向顶板破断和旋转变形产生的应力集中,岩体发生塑性破坏的范围缩小,抑制了低位岩层变形向高位岩层扩展,顶板下沉量缓慢降低并逐渐趋于稳定。

(4)沿空巷道开挖后,顶板岩层视电阻率变化规律可分为切顶垮落区和巷道影响区。在切顶垮落区,破断岩体在上部岩层压力作用下继续发生破碎,破碎形成的小块体填充大块岩体之间的空隙,最大程度地加速了块体之间空隙率的闭合,岩体视电阻率呈现逐渐减小的趋势。在巷道影响区,受岩体开挖影响,巷道顶板视电阻率增大,而煤柱和实体煤帮顶板视电阻率继续降低,垮落堆积体对高位岩层的支撑作用不断加强,煤柱和实体煤帮承担的顶板岩层压力减小,进一步减少了岩体离层和弯曲变形的发生,增强了巷道围岩的稳定性。

第7章 预裂切顶沿空掘巷现场应用

前文对高应力沿空掘巷围岩破坏过程,覆岩运移特征、顶板预裂卸压机制及预裂切顶条件下煤柱稳定性演化规律展开了研究。本章在前述研究结果的基础上进行了现场工业性实践,以试验矿井8103工作面运巷为高应力沿空掘巷切顶卸压围岩变形控制的研究地点,重点阐述巷道顶板超前预裂切顶卸压技术的关键问题,揭示预裂切顶条件下10 m煤柱的承载特征,分析巷道围岩的变形控制效果,进一步验证研究成果的可行性及合理性。

7.1 巷道顶板超前预裂爆破卸压技术

由第4章模拟结果可知,沿空巷道侧顶板未切顶时,煤柱上方存在悬顶结构,悬顶结构的破断、旋转和弯曲下沉导致巷道两帮垂直应力增大,围岩剧烈变形。同时,由第4章和第5章分析结果可知,沿空巷道顶板被切落后,可以有效卸除侧向顶板破断和旋转变形产生的应力集中,巷道围岩的稳定性得到增强。因此,需要在上区段采空区顶板岩层内创建预裂切顶线,对沿空巷道岩体结构进行预裂切顶卸压。随着煤层回采的推进,在工作面前方进行打孔、超前预裂爆破,沿巷道轴向创建顶板定向预裂切顶线,弱化预裂切顶面两侧顶板岩体的连接强度。在后方顶板自重和周期来压作用下预制裂隙贯通,采空区顶板沿着预裂切顶线及时破断,实现沿空巷道顶板优化与应力卸压。作为高应力沿空掘巷切顶卸压围岩变形控制体系的重要内容,工作面巷道超前预裂爆破切顶卸压技术不仅要保证顶板爆破的效果,而且要避免对巷道既有的支护系统产生影响。

7.1.1 超前预裂爆破切顶方案

基于第4章模拟结果,可进一步确定预裂爆破切顶关键控制参数最优设计值,即岩层切顶角度为10°,岩层切顶高度为16 m。顶板预裂爆破孔的布置如图7-1所示,在8102风巷内,沿巷道轴向超前8102回采工作面进行打孔和爆破,工作面后方顶板在回转作用下定向预制裂隙贯通,使采空区顶板能够沿着预裂切顶线及时垮落。预裂切顶线创建过程中,爆破形成的裂隙扩展范围与爆破孔间距密切相关,间距过小则顶板容易破碎,不利于支护系统的稳定性;间距过大则顶板不容易垮落,达不到预裂爆破的效果。通过现场多次爆破试验,形成顶板定向预制裂隙的合理钻孔间距为2 m。考虑到巷道空间及钻机摆放位置,建议爆破孔布置距离煤柱侧顶板1 m左右,偏向8102采空区方向切顶角度为10°,切顶高度16 m。

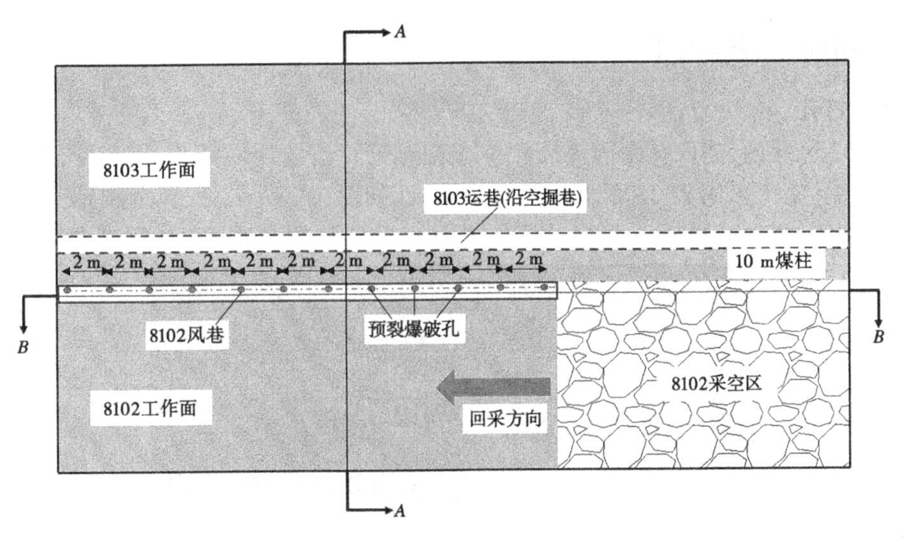

(a)预裂爆破孔平面布置

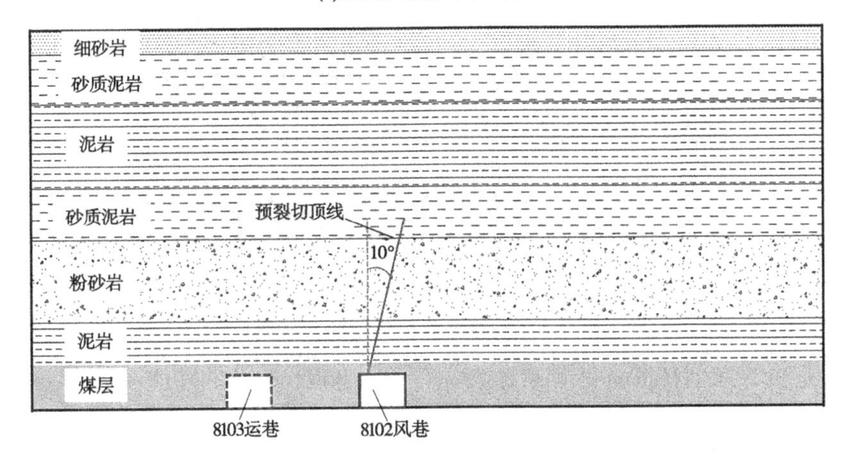

(b)A—A剖面

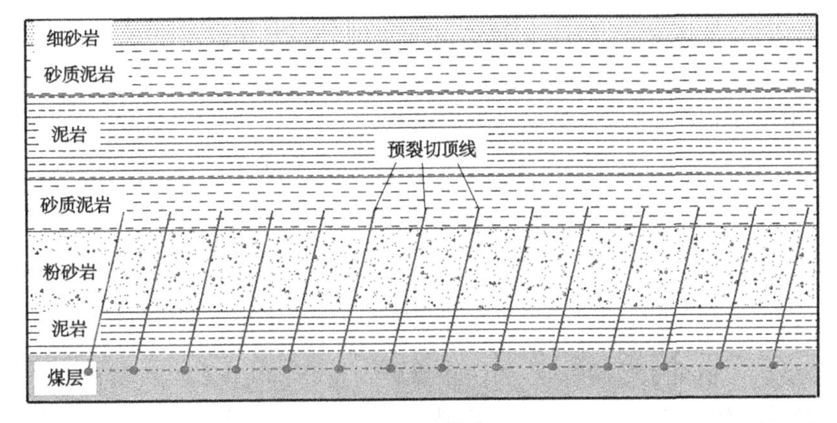

(c)B—B剖面

图 7-1　顶板预裂爆破孔的布置

7.1.2　超前预裂爆破工艺

7.1.2.1　打孔

在8102风巷内，建议在距离煤柱侧1 m左右进行连续顶板钻孔，形成全部预裂爆破孔。现场钻孔施工采用ZYJ570/170架柱式钻机，如图7-2所示，三翼金刚钻头直径和钻杆直径分别为50 mm、42 mm，每根钻杆长度为1.5 m，预裂爆破孔具体施工参数见表7-1。

图7-2　预裂爆破钻孔施工

表7-1　预裂爆破孔具体施工参数

钻孔间距/m	钻孔直径/mm	切顶高度/m	切顶角度/(°)	装药长度/m	封孔长度/m
2	50	16	10	10	6

7.1.2.2　装药

为了保证沿巷道顶板轴向创建预裂切顶线，切顶爆破采用聚能装置，主要包括聚能爆破管和炸药。其中，聚能爆破管外径为46 mm(壁厚2 mm)，每段长度为2 m(180°对穿打孔，孔径5 mm、间距10 mm)，如图7-3所示。聚能爆破管在安装过程中，对穿孔沿巷道轴向放置，采用连接装置固定。炸药采用满足煤矿瓦斯等级的乳化炸药，药卷直径为40 mm，长度为200 mm，装药过程如图7-4所示。聚能爆破管在地面加工好以后运到井下，将导爆索和药卷固定在一起放入聚能爆破管内，采用炮棍将装有导爆索和药卷的聚能爆破管推入爆破孔内。第一根爆破管要推至孔底，装实但不要过紧，按照设计要求依次进行装药。

7.1.2.3　封孔

在安装最后一根聚能爆破管时，为防止爆破管及药卷从爆破孔内滑出，将防滑装置固定在爆破管底端，如图7-5(a)所示。将爆破孔深度内除装药以外的长度采用黄泥进行封孔[见图7-5(b)]，封孔长度为6 m，黄泥干湿度要适中以便连续密实封孔，用炮棍将黄泥捣实并封堵至孔口。

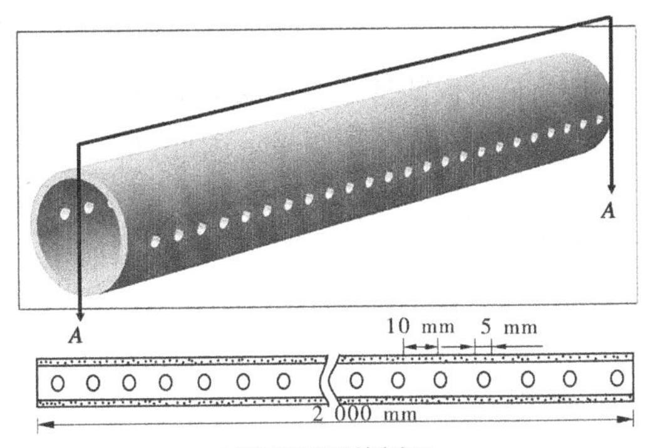

(a)聚能爆破管剖面

(b) 聚能爆破管及连接装置

图 7-3　聚能爆破管结构及连接装置

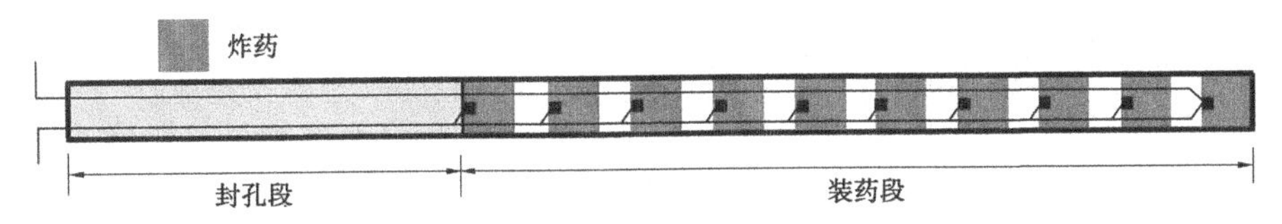

(a)装药结构

(b)现场装药

图 7-4　预裂爆破孔装药过程

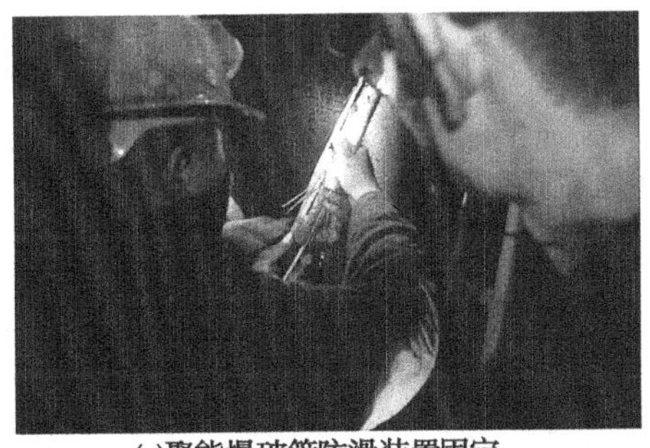

(a)聚能爆破管防滑装置固定

(b)黄泥封孔

图 7-5　预裂爆破孔封孔过程

7.1.2.4 爆破

为了达到预期的爆破效果，即在采动应力作用下顶板能够沿着预裂切顶线垮落，而且不影响工作面的正常推进，打孔、爆破和回采在工艺上必须相互衔接。因此，确定超前工作面 30 m 进行顶板预裂爆破。整个爆破过程中，要严格遵守煤矿井下爆破规程，确保预裂切顶线切缝沿巷道轴向均匀分布，顶板预裂爆破过程如图 7-6 所示。

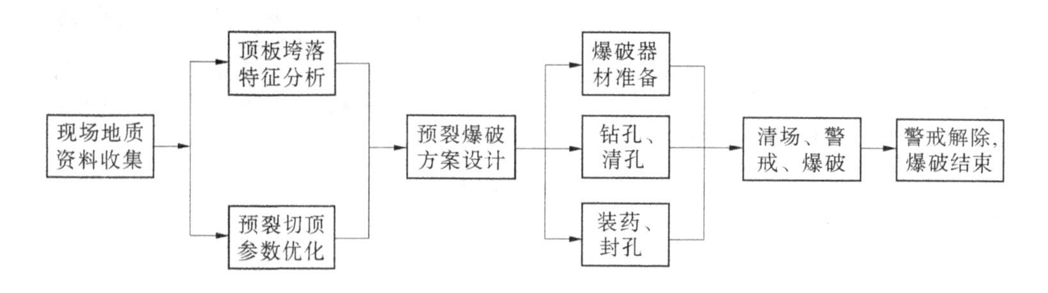

图 7-6　顶板预裂爆破过程

顶板预裂爆破后，在距爆破孔 900 mm 的位置布置观测孔，了解爆破孔内部定向裂隙扩展情况，如图 7-7 所示。在封孔段 0～6 m 内，孔内岩壁比较完整，未发生岩体损伤；在爆破段 7～16 m 内，孔内岩壁出现定向预制裂隙，裂隙宽度为 1～3 mm，扩展效果明显，而其他方向未发现岩体损伤，表明定向爆破对顶板岩层起到较好的预裂效果。随着工作面的推进，巷道顶板预制裂隙完全贯通，完成切顶过程，爆破切顶后巷道顶板的垮落形态如图 7-8 所示。

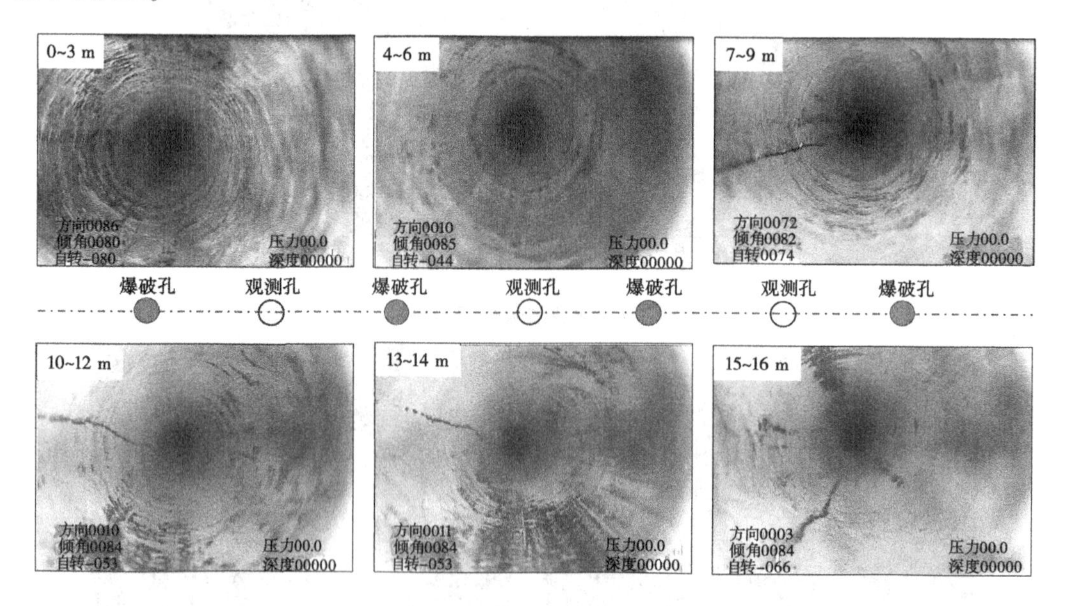

图 7-7　预裂爆破后定向裂隙扩展规律

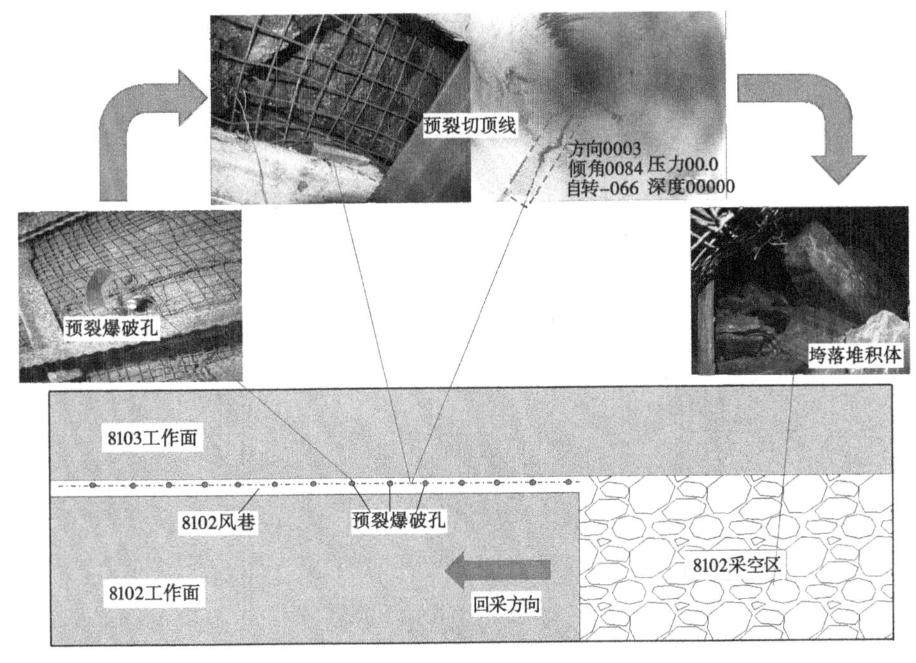

图7-8 爆破切顶后巷道顶板的垮落形态

7.2 沿空掘巷预裂切顶围岩稳定控制技术

7.2.1 预裂巷道顶板稳定控制方案

由于8102风巷还在使用,剧烈的切顶爆破可能会对巷道顶板的完整性产生扰动影响,导致顶板岩层裂隙扩展及岩体破碎,降低巷道锚固系统的可靠性。因此,建议在爆破前采取相应控制措施对8102巷道顶板进行超前加固。针对此问题,本书提出了锚吊梁组合结构变形控制技术方案。同时,切顶侧布置锚吊梁结构可以使预制裂缝两侧的岩体产生巨大刚度差别,在岩体自重和周期来压作用下,切落侧岩体更容易垮落,达到降低煤柱载荷的效果。

7.2.1.1 锚吊梁组合结构

1. 锚索规格

锚索规格为ϕ 18.9 mm×7 800 mm,排距为1 400 mm,每根锚索采用1支CK2335和2支Z2360树脂药卷锚固。锚索托盘尺寸为300 mm×300 mm×16 mm,配合相关可调垫片及锁具。

2. 工字钢规格

采用11#工字钢制作锚吊梁,长度为3 600 mm;在工字钢上布置锚索孔,间距为1 400 mm,并利用规格为300 mm×100 mm×14 mm的钢板加固焊接锚索孔位置。

7.2.1.2 锚吊梁组合结构施工工艺

在8102风巷顶板距煤柱侧600 mm处,沿巷道轴向布置锚吊梁组合结构。沿巷道顶板垂直方向打设锚索孔,孔间距为1 400 mm,并与锚吊梁上锚索孔规格相匹配。每根锚吊梁布置三根锚索,锚索距离两边界距离为350 mm,如图7-9所示。

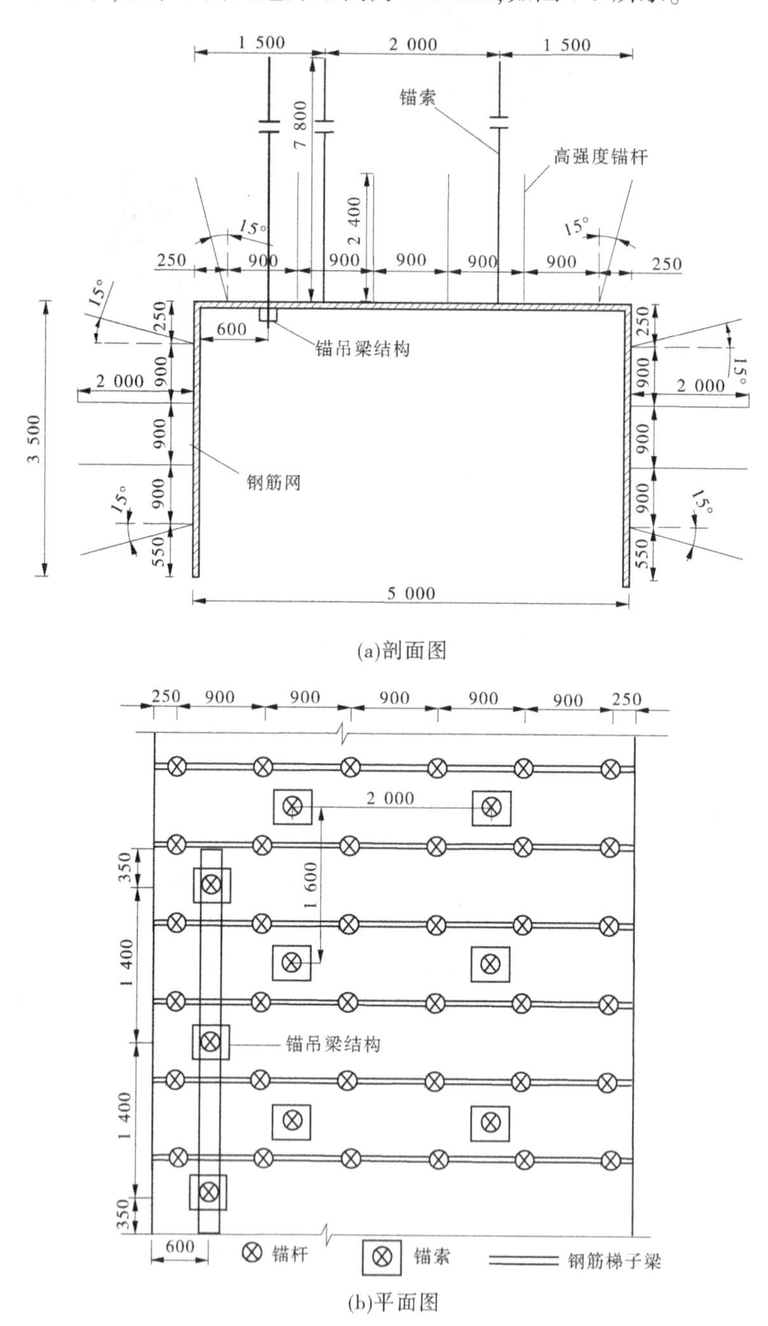

(a)剖面图

(b)平面图

图7-9 锚吊梁组合结构 (单位:mm)

(1)采用风动钻机将锚索孔钻至7 500 mm,锚索长度为7 800 mm,外露端不超过300 mm,锚固长度为1 800 mm。

(2)在使用锚固剂锚固时,将1支CK2335和2支Z2360树脂药卷依次送入锚索孔内,并将锚索与风动钻机相连搅拌30 s左右,确保锚固效果。

(3)锚吊梁施工结束后,用铁丝将锚索外露段与周围网片进行连接,现场锚吊梁施工效果如图 7-10 所示。

图 7-10　现场锚吊梁施工效果

7.2.2　沿空巷道围岩稳定控制方案

由现场监测和数值模拟结果分析可知,回采过程中沿空巷道应力高度集中,煤柱容易变形破坏并引发巷道失稳。为了保证回采期间沿空巷道围岩的稳定性,增强 10 m 宽度煤柱的承载能力,建议回采过程中对 8103 运巷煤柱帮进行增强支护,实现工作面重复采动影响下围岩结构的稳定性控制。

8103 沿空巷道围岩支护方案如图 7-11 所示。回采期间,通过采用高强度高预应力锚索进一步约束煤柱帮变形。沿巷帮高度,煤柱帮每排布置两根预应力锚索,距离顶底板均为 900 mm。锚索规格为 ϕ 18.9 mm×6 300 mm,间、排距分别为 1 700 mm 和 1 600 mm。每根锚索采用 1 支 CK2335 和 2 支 Z2360 树脂药卷锚固,锚固长度为 1 800 mm。锚索托盘规格为 300 mm×300 mm×16 mm,配套对应锁具一套。

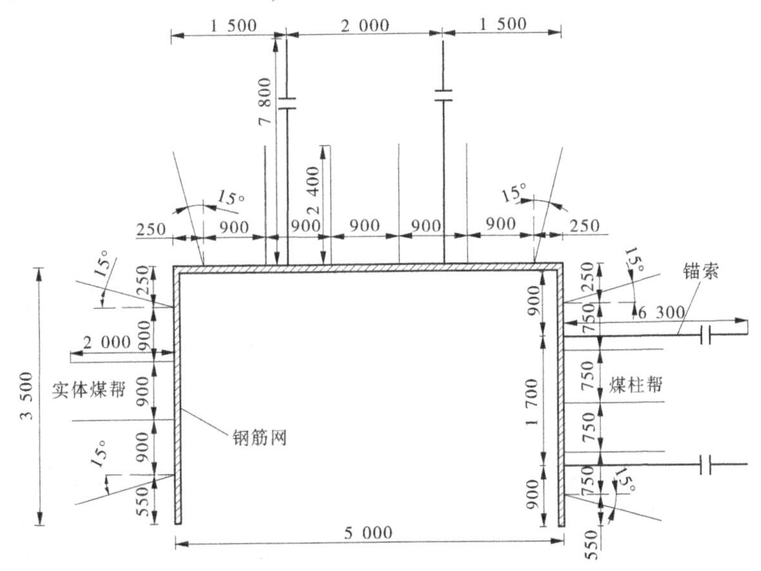

图 7-11　8103 沿空巷道围岩支护方案　(单位:mm)

7.3　现场试验结果分析

为了评价高应力沿空掘巷切顶卸压围岩变形控制方案的可行性，在 8103 沿空巷道开挖及工作面回采期间布置测点进行监测。通过对比切顶前后监测数据，及时了解巷道表面位移变化规律和锚杆受力状态，为高应力沿空掘巷围岩变形控制及煤柱宽度优化设计等提供参考依据。

7.3.1　巷道位移演化规律

在 8103 运巷开挖期间沿巷道轴向布置 5 个测站，测站之间的距离为 20 m，监测巷道开挖及工作面回采过程中围岩位移变化情况，试验巷道变形测站布置如图 7-12 所示。利用十字交叉法监测巷道变形规律，测点 A、A'分别位于巷道顶底板中间位置，监测顶、底板移近量；测点 B、B'分别位于煤柱和实体煤侧中间位置，监测两帮移近量。

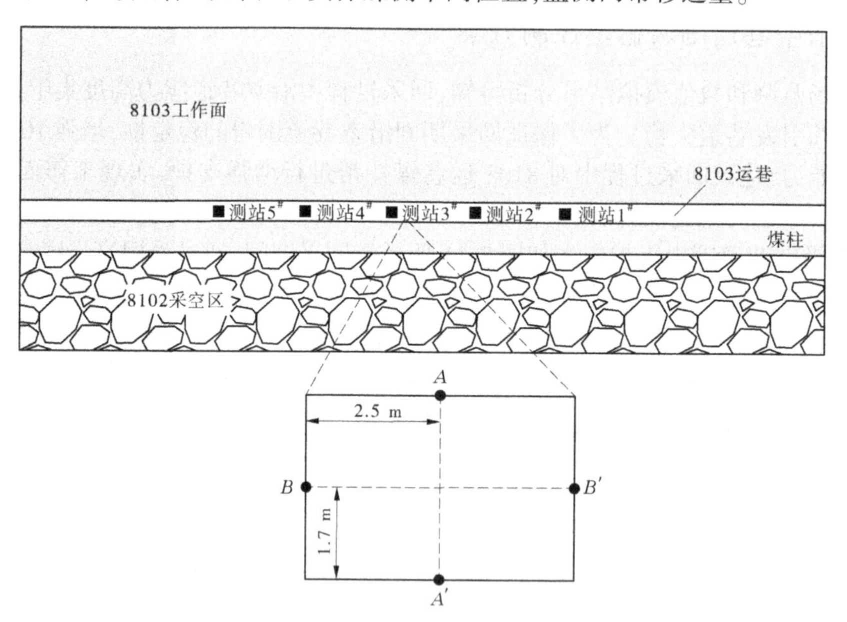

图 7-12　试验巷道变形测站布置

8103 沿空巷道开挖及工作面回采期间围岩位移变化规律如图 7-13 所示，图中位移监测数据是 5 个测站相对应位置的平均值。经分析可知，开挖初期围岩变形快速增加，后期围岩变形速度逐渐降低，顶板变形量最大，两帮变形量次之，底板变形量最小。开挖 50 d 后，围岩变形逐渐趋于稳定，顶板、煤柱侧、实体煤侧和底板最大移近量分别为 153 mm、94 mm、63 mm 和 22 mm。在工作面回采期间，由于受重复采动影响，围岩变形量明显增大。工作面距离巷道在 40～100 m 时，巷道变形量缓慢增加；工作面距离巷道在 40 m 时，巷道变形量快速增加，至回采结束，顶板、煤柱侧、实体煤侧和底板最大移近量分别为 236 mm、125 mm、101 mm 和 39 mm。相较未切顶时 8102 沿空巷道顶板、煤柱侧、实体煤侧和底板的最大移近量 991 mm、652 mm、396 mm 和 104 mm，切顶后 8103 沿空巷道对应位置变形分别降低了 76%、81%、74%和 63%，这表明预裂切顶隔断了巷道顶板与采空区顶板之间的结构联系，降低了侧向顶板悬顶长度，有效减弱了围岩应力集中导致的变形效应，提高了巷道的稳定性。

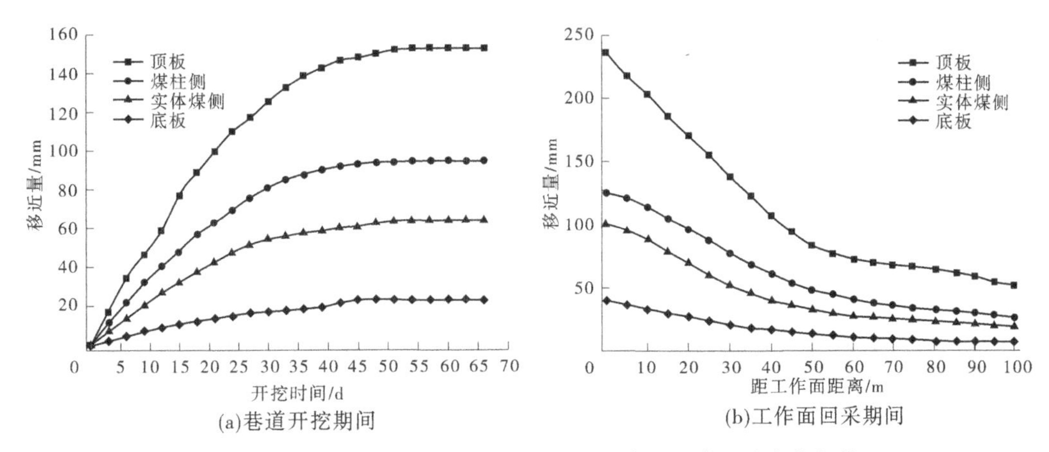

图 7-13　8103 沿空巷道开挖及工作面回采期间围岩位移变化规律

7.3.2　锚杆轴力分布特征

分别选取切顶和非切顶试验段巷道超前工作面前方 30 m 范围，采用锚杆无损检测仪检测沿空巷道煤柱侧锚杆承担载荷，掌握锚杆轴力变化情况（见图 7-14），为预裂切顶沿空掘巷 10 m 宽度煤柱稳定性评价提供依据。

图 7-14　现场锚杆轴力检测

在非预裂切顶和预裂切顶试验区域，沿空巷道锚杆轴力检测结果分别见表 7-2 和表 7-3。由表 7-2 和表 7-3 分析可得：沿空巷道未切顶卸压时，锚杆轴力分布在 30～50 kN、50～70 kN、70～100 kN 和超过 100 kN 的比例分别为 10%、36.7%、36.7%和 16.6%；沿空巷道切顶卸压时，锚杆轴力分布在 30～50 kN、50～70 kN、70～100 kN 和超过 100 kN 的比例分别为 20%、46.7%、30%和 3.3%，切顶与非切顶条件下沿空巷道煤柱侧锚杆轴力分布规律如图 7-15 所示。

表 7-2　非预裂切顶试验区域锚杆轴力检测结果

编号	距工作面距离/m	锚杆载荷/kN	编号	距工作面距离/m	锚杆载荷/kN
1	5.0	68	16	17.0	75
2	5.8	36	17	17.8	56
3	6.6	47	18	18.6	87
4	7.4	55	19	19.4	74
5	8.2	67	20	20.2	56
6	9.0	112	21	21.0	86
7	9.8	104	22	21.8	88
8	10.6	108	23	22.6	54
9	11.4	116	24	23.4	65
10	12.2	95	25	24.2	74
11	13.0	54	26	25.0	59
12	13.8	76	27	25.8	45
13	14.6	118	28	26.6	88
14	15.4	53	29	27.4	67
15	16.2	77	30	28.2	86

表 7-3　预裂切顶试验区域锚杆轴力检测结果

编号	距工作面距离/m	锚杆载荷/kN	编号	距工作面距离/m	锚杆载荷/kN
1	5.0	53	16	17.0	52
2	5.8	41	17	17.8	68
3	6.6	67	18	18.6	76
4	7.4	43	19	19.4	52
5	8.2	53	20	20.2	74
6	9.0	98	21	21.0	62
7	9.8	93	22	21.8	72

续表 7-3

编号	距工作面距离/m	锚杆载荷/kN	编号	距工作面距离/m	锚杆载荷/kN
8	10.6	68	23	22.6	61
9	11.4	105	24	23.4	74
10	12.2	69	25	24.2	55
11	13.0	82	26	25.0	43
12	13.8	62	27	25.8	58
13	14.6	96	28	26.6	49
14	15.4	43	29	27.4	47
15	16.2	78	30	28.2	55

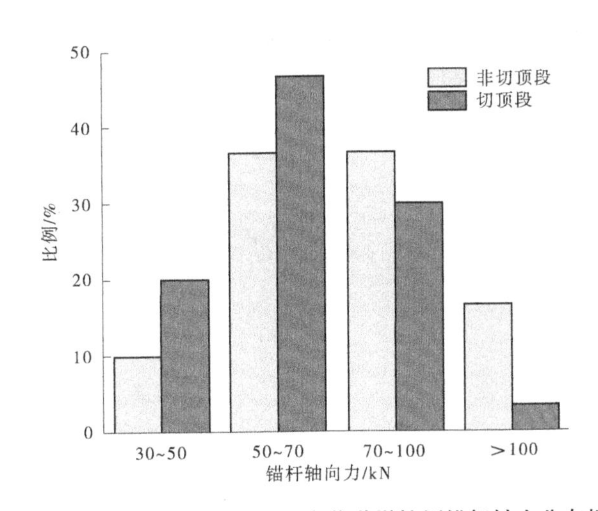

图 7-15　切顶与非切顶条件下沿空巷道煤柱侧锚杆轴力分布规律

由图 7-15 可知，与非切顶段相比，顶板切落后工作面前方 30 m 范围内，锚杆轴力变化明显，在 30~70 kN 的锚杆轴力比例增加，在 70~100 kN 和超过 100 kN 的锚杆轴力比例降低，锚杆受力更加合理。由此可见，沿空巷道侧向顶板沿预裂切顶线被切落后，采空区垮落堆积体及时构筑承载结构与高位岩层接触，“顶板预裂卸压+垮落岩体填充”的协调控制体系降低了 10 m 煤柱承担的覆岩载荷，卸除了高应力巷道在采动影响下的超前应力集中，增强了煤柱自身的稳定性。

7.4　本章小结

基于试验矿井的工程地质条件，本章开展了高应力沿空掘巷切顶卸压围岩变形控制方案现场工业性试验，获得了良好的变形控制效果，优化了沿空掘巷煤柱宽度，验证了高

应力沿空掘巷切顶卸压围岩变形控制体系的可靠性及适应性,并得到以下结论:

(1)顶板预裂爆破效果监测表明,在封孔段0~6 m,孔内岩壁比较完整,未发生岩体损伤;在爆破段7~16 m,孔内岩壁出现定向预制裂隙,裂隙宽度为1~3 mm,扩展效果明显,而其他方向未发现岩体损伤,定向爆破对顶板岩层起到较好的预裂效果。

(2)巷道表面位移监测数据显示,在8103沿空巷道开挖及工作面回采期间,围岩变形得到有效控制。回采期间8103沿空巷道顶板、煤柱侧、实体煤侧和底板最大移近量分别为236 mm、125 mm、101 mm和39 mm。相比未切顶时8102沿空巷道对应位置变形特征,顶板预裂后8103沿空巷道顶板、煤柱侧、实体煤侧和底板移近量分别降低了76%、81%、74%和63%,有效减弱了围岩应力集中导致的变形效应。

(3)通过对锚杆轴力分布特征分析,沿空巷道侧向顶板切落后,减小了煤柱承担的覆岩载荷,卸除了高应力巷道在采动影响下的超前应力集中。工作面前方30 m内,30~70 kN内的锚杆轴力比例大幅增加,70~100 kN内的锚杆轴力比例明显降低,锚杆受力更加合理,增强了煤柱自身的稳定性。

(4)现场应用效果表明,采用以顶板预裂卸压、垮落岩体填充、煤柱宽度设计为核心的高应力沿空掘巷围岩变形控制技术后,有效减小了巷道变形,实现了高应力巷道在采动影响下的稳定性控制。同时,煤柱宽度从30 m降低为10 m,提高了煤炭资源的采出率。

第8章 结论与展望

8.1 主要结论

针对沿空巷道围岩稳定性控制面临的矿压显现剧烈、冲击地压、巷道变形严重等诸多难题,本书以高应力沿空掘巷工程实践为研究背景,综合采用理论分析、室内试验、数值模拟和物理模型试验等研究方法,对巷道岩体结构破坏机制、顶板覆岩运移特征、围岩顶板预裂卸压机制、煤柱宽度优化设计、围岩应力分布形态及变形效应等展开了系统研究,并进行了现场工业性验证,从而得到以下主要结论:

(1)由煤岩体内部结构观测结果可知,顶板岩层0~3 m内岩体破损严重,且多以横向裂隙和岩层错动为主;3~10 m内岩层多以纵向裂隙及顶板离层为主。煤柱侧破裂范围较大,裂隙横向扩展及连通,并发育成断裂破碎带,整个煤柱处于破裂屈服状态。老顶岩层在巷道上方破断、旋转、下沉过程中,直接影响了巷道两帮的受力形态,导致沿空煤柱帮和实体煤帮破坏范围不同,两帮呈现非对称变形特征,巷道围岩变形控制难度增加。

(2)在高应力沿空掘巷切顶卸压围岩结构体系中,沿空巷道顶板、煤柱帮、采空区垮落矸石支撑体和高位顶板岩层结构作为协调变形的整体,其不仅承担上覆岩层载荷、采动应力和各组成结构间的应力调整,而且体系内各组成结构之间的变形也相互约束。通过建立采空区破碎矸石支撑条件下的高位顶板岩梁力学模型,获得了高位顶板岩层的弯曲变形特征;构建了巷道直接顶变形及煤柱承载力学模型,揭示了岩体回转角、矸石作用阻力、直接顶弹性模量和厚度、巷道宽度及顶板支护强度等多因素耦合影响下巷道顶板的位移演化规律,阐述了塑性区宽度对煤柱稳定性的作用机制,为沿空掘巷煤柱宽度设计提供了依据。

(3)确立了高应力沿空掘巷切顶卸压围岩稳定控制原则,揭示了顶板预裂对巷道围岩结构的卸压作用机制,提出了优化巷道顶板切顶角度和切顶高度等关键预裂参数的设计方法。在自重和采动压力影响下,沿空巷道侧向顶板沿预裂切顶线及时垮落,切断了预裂切缝面两侧岩体的结构联系,减弱了顶板岩层之间的应力传递效应,有效降低了围岩结构应力集中程度,控制巷道围岩变形。采空区垮落岩体形成稳定的承载结构并支撑高位顶板岩层,能够进一步阻止上覆岩层破断和旋转变形对沿空巷道的动载效应,减小煤柱侧顶板承担的覆岩载荷,增强煤柱的自稳能力。

(4)岩层切顶角度达到最优设计值时,能够加快采空区顶板沿预裂切顶线的滑落速度,减少侧向悬顶结构长度,降低煤柱侧和实体煤侧顶板承担的覆岩载荷;岩层切顶高度达到最优设计值时,切落岩体能够较好地充填采空区,并对上部岩层形成稳定的承载结构,有效减轻了高位顶板岩层垮落失稳对巷道的冲击扰动,实现了对巷道顶板岩层主动卸压的目的。

(5)上区段工作面顶板预裂填充后,侧向煤岩体垂直应力和应变能密度沿顶板切缝处向煤体深部表现为先增大后减小的变化规律;不同区域应力和应变能随岩层高度增加而逐渐降低,影响区宽度自上而下逐渐增大。顶板预裂卸压使侧向煤层内的垂直应力和应变能密度峰值转移到煤体深部并在煤壁边缘形成应力卸压区,有效释放了煤体浅部的弹性应变能,为沿空掘巷创造了有利的应力环境。

(6)通过建立不同煤柱宽度条件下的数值模型,分析了沿空巷道应力、能量传递机制、围岩变形演化规律及岩体塑性区发育特征。结果表明:煤柱宽度为 5 m 时,巷道顶板和两帮变形量较大,煤柱承担载荷过大导致其变形破裂,巷道失去稳定性。煤柱宽度为 10 m 时,顶板岩层载荷转移至实体煤侧承担,煤柱内应力和应变能密度均小于实体煤侧,巷道处在低值应力影响区,顶板和两帮变形量明显减小,岩体塑性区发育范围缩小,增强了巷道围岩的稳定性。煤柱宽度为 15 m 和 20 m 时,顶板岩层载荷由实体煤侧转移至煤柱侧,煤柱内应力和应变能密度远高于实体煤侧,巷道处在高值应力影响区,顶板和两帮变形量持续增加,岩体塑性区发育范围不断扩大,容易引发围岩结构失稳。

(7)顶板预裂切断了巷道与外侧残留顶板的结构联系,巷道围岩处在应力降低区,同一高度内煤柱侧上方顶板岩层垂直应力明显小于实体煤侧上方顶板岩层垂直应力。巷道顶板高度 0~16 m 内,低位岩层顶板垂直应力快速向高位岩层传递、转移,随着高度不断增加,顶板岩层垂直应力快速降低;巷道顶板高度 16~25 m 内,采空区切落岩体对高位岩层的支撑作用逐步增强,减小了巷道顶板岩层承担的载荷,岩层垂直应力逐渐趋于稳定。

(8)巷道顶板岩层变形呈现非对称形式,同一高度内靠近煤柱侧顶板下沉量要略高于靠近实体煤侧顶板下沉量。巷道顶板高度 0~10 m 内,岩层变形比较明显,顶板下沉量表现为快速降低的趋势;巷道顶板高度 10~20 m 内,预裂切顶卸除了侧向顶板破断和旋转变形产生的应力集中,岩体发生塑性破坏的范围缩小,抑制了低位岩层变形向高位岩层扩展,顶板下沉量缓慢降低并逐渐趋于稳定。

(9)沿空巷道开挖后,顶板岩层视电阻率变化特征可分为切顶垮落区和巷道影响区。在切顶垮落区,破断岩体在上部岩层压力作用下继续发生破碎,破碎形成的小块体填充大块岩体之间的空隙,最大程度加速了块体之间空隙率的闭合,岩体视电阻率呈现渐进减小的趋势。在巷道影响区,受岩体开挖影响,巷道顶板视电阻率增大,而煤柱和实体煤帮顶板视电阻率继续降低,垮落堆积体对高位岩层的支撑作用不断加强,煤柱和实体煤帮承担的顶板岩层压力降低,进一步减少了岩体离层和弯曲变形的发生,增强了巷道围岩的稳定性。

(10)将顶板预裂卸压、垮落岩体填充、煤柱宽度设计为核心的沿空掘巷围岩变形控制方案应用于现场工业性试验,取得了良好的变形控制效果,降低了动力灾害发生的风险。同时,煤柱宽度从 30 m 降低为 10 m,提高了煤炭资源的采出率。

8.2　展　望

针对高应力沿空掘巷围岩变形控制难题,本书综合运用室内试验、理论分析、数值模拟、物理模型试验和现场工业性试验等研究方法,从巷道顶板结构运动和围岩稳定控制角度出发,对巷道围岩破坏特征、顶板结构控制与预裂卸压机制、煤柱宽度优化设计、巷道应力分布形态及变形规律等关键问题进行深入研究,并取得了一定成果,但仍存在不足之处,有待进一步深入研究和探索:

(1)预裂切顶参数对控制顶板岩层运动及围岩稳定性具有重要作用。不同的地质条件下,预裂切顶参数亦随之发生变化。因此,结合地质条件,需要进一步探究埋深、倾角等不同影响因素下的巷道顶板预裂切顶效应,形成科学合理的预裂切顶参数设计依据。

(2)在高应力沿空掘巷切顶卸压围岩变形控制体系中,采空区垮落岩体的破断过程及分布形态对沿空巷道的稳定性具有重要影响,需要进一步研究破断岩体的压实过程及承载特性,增强垮落充填体对上覆岩层的支撑强度。

(3)需要借助动力学软件建立相应数值模型,进一步分析顶板岩层预裂机制,动载效应下岩体应力分布特征及损伤演化规律,多孔同时起爆条件下定向裂隙扩展规律,为现场实施顶板预裂卸压技术提供工艺优化。

参考文献

[1] 国家能源局．煤炭工业发展“十三五”规划[EB/OL].(2016-12-30) [2019-11-15].

[2] 陆士良．无煤柱区段巷道的矿压显现及适用性的研究[J]. 中国矿业学院学报,1980(4):4-25.

[3] 郝瑞清．长壁工作面顺槽煤柱合理留设尺寸的确定[J]. 山西焦煤科技,2012,36(10):20-22,29.

[4] 魏东．特厚煤层分层综放开采护巷煤柱稳定性及支护技术研究[D]. 北京:煤炭科学研究总院,2011.

[5] 闫帅,柏建彪,卞卡,等．复用回采巷道护巷煤柱合理宽度研究[J]. 岩土力学,2012,33(10):3081-3086,3150.

[6] 彭林军,张东峰,郭志飚,等．特厚煤层小煤柱沿空掘巷数值分析及应用[J]. 岩土力学,2013,34(12):3609-3616,3632.

[7] BAI J B, SHEN W L, GUO G L, et al. Roof deformation, failure characteristics, and preventive techniques of gob-side entry driving heading adjacent to the advancing working face[J]. Rock Mechanics and Rock Engineering, 2015, 48:2447-2458.

[8] 张科学,姜耀东,张正斌,等．大煤柱内沿空掘巷窄煤柱合理宽度的确定[J]. 采矿与安全工程学报,2014,31(2):255-262,269.

[9] ZHANG G C,TAN Y L, LIANG S J, et al. Numerical estimation of suitable gob-side filling wall width in a highly gassy longwall mining panel[J]. international journal of geomechanics,2018, 18(8): 04018091.

[10] 侯圣权,靖洪文,杨大林．动压沿空双巷围岩破坏演化规律的试验研究[J]. 岩土工程学报,2011,33(2):265-268.

[11] 王猛,柏建彪,王襄禹,等．迎采动面沿空掘巷围岩变形规律及控制技术[J]. 采矿与安全工程学报,2012,29(2):197-202.

[12] GHASEMI E, SHAHRIAN K. A new coal pillars design method in order to enhance safety of the retreat mining in room and pillar mines[J]. Safety Science, 2012, 53: 579-585.

[13] MORTAZAVI A, HASSANI F P, SHABANI M A. Numerical investigation of rock pillar failure mechanism in underground openings[J]. Computers and Geotechnice, 2009, 36(5): 691-697.

[14] SHABANIMASHCOOL M, LI C C. A numerical study of stress changes in barrier pillars and a border area in a longwall coal mine[J]. International Journal of Coal Geology, 2013, 106: 39-47.

[15] 柏建彪,侯朝炯．空巷顶板稳定性原理及支护技术研究[J]. 煤炭学报,2005(1):8-11.

[16] 于洋,柏建彪,陈科,等．综采工作面沿空掘巷窄煤柱合理宽度设计及其应用[J]. 煤炭工程,2010(7):6-9.

[17] 靖洪文,王猛,汪小东,等．综放沿空煤巷不同支护方式围岩变形演化规律的数值模拟[J]. 辽宁工程技术大学学报(自然科学版),2009,28(6):869-872.

[18] 赵景礼,宋平,刘乐如,等．综放工作面煤柱合理宽度确定及巷道支护设计[J]. 辽宁工程技术大学学报(自然科学版),2015,34(3):310-314.

[19] 李学华,鞠明和,贾尚昆,等．沿空掘巷窄煤柱稳定性影响因素及工程应用研究[J]. 采矿与安全工程学报,2016,33(5):761-769.

[20] 许兴亮,李俊生,田素川,等．沿空掘巷小煤柱变形分析与中性面稳定性控制技术[J]. 采矿与安全工程学报,2016,33(3):481-485,508.

[21] XIE S R, PAN H Z, WANG J C, et al. A case study on control technology of surrounding rock of a large

section chamber under a 1200-m deep goaf in Xingdong coal mine, China[J]. Engineering Failure Analysis, 2019, 104: 112-125.

[22] WANG M, ZHENG D, NIU S, et al. Large deformation of tunnels in longwall coal mines[J]. Environmental Earth Sciences, 2019, 78(2): 45-61.

[23] 谢广祥,杨科,刘全明. 综放面倾向煤柱支承压力分布规律研究[J]. 岩石力学与工程学报,2006,(3):545-549.

[24] 陆士良,郭育光. 护巷煤柱宽度与巷道围岩变形的关系[J]. 中国矿业大学学报,1991,(4):4-10.

[25] 奚家米,毛久海,杨更社,等. 回采巷道合理煤柱宽度确定方法研究与应用[J]. 采矿与安全工程学报,2008,25(4):400-403.

[26] 李磊,柏建彪,徐营,等. 复合顶板沿空掘巷围岩控制研究[J]. 采矿与安全工程学报,2011,28(3):376-383,390.

[27] ZHANG N C, ZHANG N, EATERLE J, et al. Optimization of gateroad layout under a remnant chain pillar in longwall undermining based on pressure bulb theory[J]. International Journal of Mining, Reclamation and Environment, 2016, 30(2):128-144.

[28] CAO Z Z, ZHOU Y J. Research on coal pillar width in roadway driving along goaf based on the stability of key block[J]. Computers, Materials & Continua, 2015,48(2):1-14.

[29] 马振乾,姜耀东,宋红华,等. 构造破碎区沿空掘巷偏应力分布特征与控制技术[J]. 采矿与安全工程学报,2017,34(1):24-31.

[30] 冯吉成,马念杰,赵志强,等. 深井大采高工作面沿空掘巷窄煤柱宽度研究[J]. 采矿与安全工程学报,2014,31(4):580-586.

[31] YU B, ZHANG H Y, LIU J R, et al. Stress changes and deformation monitoring of longwall coal pillars located in weak ground[J]. Rock Mechanics and Rock Engineering, 2016, 49:3293-3305.

[32] 王德超,王琦,李术才,等. 深井综放沿空掘巷围岩变形破坏机制及控制对策[J]. 采矿与安全工程学报,2014,31(5):665-673.

[33] 陈新忠,王猛. 深部倾斜煤层沿空掘巷围岩变形特征与控制技术研究[J]. 采矿与安全工程学报,2015,32(3):485-490.

[34] WANG H, XUE S, JIANG Y, et al. Field investigation of a roof fall accident and large roadway deformation under geologically complex conditions in an underground coal mine[J]. Rock Mechanics and Rock Engineering, 2018, 51(6): 1863-1883.

[35] WANG H, ZHENG P Q, ZHAO W J, et al. Application of a combined supporting technology with U-shaped steel support and anchor-grouting to surrounding soft rock reinforcement in roadway[J]. Journal of Central South University, 2018, 25(5): 1240-1250.

[36] 魏臻,何富连,张广超,等. 大断面综放沿空煤巷顶板破坏机制与锚索桁架控制[J]. 采矿与安全工程学报,2017,34(1):1-8.

[37] 谢广祥,杨科,常聚才. 煤柱宽度对综放回采巷道围岩破坏场影响分析[J]. 辽宁工程技术大学学报,2007(2):173-176.

[38] 赵宾,王方田,梁宁宁,等. 高应力综放面区段煤柱合理宽度与控制技术[J]. 采矿与安全工程学报,2018,35(1):19-26.

[39] YANG J X, LIU C Y, YU B, et al. The effect of a multi-gob, pier-type roof structure on coal pillar load-bearing capacity and stress distribution[J]. Bulletin of Engineering Geology and the Environment, 2015, 74(4): 1267-1273.

[40] GONG P, MA Z G, ZHANG R R, et al. Surrounding rock deformation mechanism and control technolo-

gy for gob-side entry retaining with fully mechanized gangue backfilling mining: a case study[J]. Shock and Vibration, 2017, 17(4): 1-15.

[41] WU W D, BAI J B, WANG X Y, et al. Numerical study of failure mechanisms and control techniques for a gob-side yield pillar in the Shijiazhuang coal mine, China[J]. Rock Mechanics and Rock Engineering, 2019, 52: 1231-1245.

[42] 张源,万志军,李付臣,等. 不稳定覆岩下沿空掘巷围岩大变形机理[J]. 采矿与安全工程学报,2012,29(4):451-458.

[43] 陈上元,宋常胜,郭志飚,等. 深部动压巷道非对称变形力学机制及控制对策[J]. 煤炭学报,2016,41(1):246-254.

[44] 余学义,王琦,赵兵朝,等. 大采高双巷布置工作面巷间煤柱合理宽度研究[J]. 岩石力学与工程学报,2015,34(S1):3328-3336.

[45] GAO F STEAD D, KANG H. Numerical Simulation of Squeezing Failure in a Coal Mine Roadway due to Mining-Induced Stress[J]. Rock Mechanics and Rock Engineering, 2015, 48(4): 1635-1645.

[46] SHEN B. Coal Mine Roadway Stability in Soft Rock: A Case Study[J]. Rock Mechanics and Rock Engineering, 2014, 47(6): 2225-2238.

[47] 张明,成云海,王磊,等. 浅埋复采工作面厚硬岩层-煤柱结构模型及其稳定性研究[J]. 岩石力学与工程学报,2019,38(1):87-100.

[48] 梁冰,汪北方,李刚,等. 忻州窑煤矿 5935 巷道底板卸压槽防冲效果研究[J]. 中国安全生产科学技术,2015,11(2):48-55.

[49] 王宏伟,姜耀东,邓保平,等. 工作面动压影响下老窑破坏区煤柱应力状态研究[J]. 岩石力学与工程学报,2014,33(10):2056-2063.

[50] WANG L, CHENG Y P, XU C, et al. The controlling effect of thick-hard igneous rock on pressure relief gas drainage and dynamic disasters in outburst coal seams[J]. Natural Hazards, 2013, 66: 1221-1241.

[51] SONG D Z, WANG E Y, LIU Z T, et al. Numerical simulation of rock-burst relief and prevention by water-jet cutting[J]. International Journal of Rock Mechanics and Mining Sciences, 2014, 70: 318-331.

[52] 汪锋,许家林,谢建林,等. 基于采动应力边界线的顶板巷道保护煤柱留设方法[J]. 煤炭学报,2013,38(11):1917-1922.

[53] 安润东,杨占秋. 赵各庄矿深部冲击地压区域内煤柱安全开采[J]. 煤炭科学技术,2008,(11):21-22,25.

[54] 兰永伟,张永吉,高红梅. 卸压钻孔数值模拟研究[J]. 辽宁工程技术大学学报,2005,12(S1):275-277.

[55] 王宏伟,姜耀东,赵毅鑫,等. 基于能量法的近距煤层巷道合理位置确定[J]. 岩石力学与工程学报,2015,34(S2):4023-4029.

[56] ZHAO T B, YIN Y C, XIAO F K, et al. Rockburst Disaster Prediction of Isolated Coal Pillar by Electromagnetic Radiation Based on Frictional Effect[J]. The Scientific World Journal, 2014:1-7.

[57] WANG H W, JIANG Y D,ZHAO Y X, et al. Numerical Investigation of the Dynamic Mechanical State of a Coal Pillar During Longwall Mining Panel Extraction[J]. Rock Mechanics and Rock Engineering, 2013, 46(5): 1211-1221.

[58] WANG H W, JIANG Y D, XUE S, et al. Assessment of excavation damaged zone around roadways under dynamic pressure induced by an active mining process[J]. International Journal of Rock Mechanics and Mining Sciences, 2015, 77: 265-277.

[59] 李振雷,窦林名,王桂峰,等. 坚硬顶板孤岛煤柱工作面冲击特征及机制分析[J]. 采矿与安全工

程学报,2014,31(4):519-524.

[60] QIU P Q, WANG J, NING J G, et al. Rock burst criteria of deep residual coal pillars in an underground coal mine: a case study[J]. Geomechanice and Engineering, 2019, 19(6): 499-520.

[61] WANG S L, HAO S P, CHEN Y, et al. Numerical investigation of coal pillar failure under simultaneous static and dynamic loading[J]. International Journal of Rock Mechanics and Mining Sciences, 2016, 84: 59-68.

[62] WANG G F, GONG S Y, LI Z L, et al. Evolution of stress concentration and energy release before rock bursts: two case studies from xingan coal mine, Hegang, China[J]. Rock Mechanics and Rock Engineering, 2015, 49(8): 3393-3401.

[63] 贾喜荣. 岩层控制[M]. 徐州:中国矿业大学出版社,2011.

[64] 钱鸣高,石平五. 矿山压力与岩层控制[M]. 徐州:中国矿业大学出版社,2003.

[65] 钱鸣高. 采场上覆岩层岩体结构模型及其应用[J]. 中国矿业学院学报,1982(2):6-16.

[66] 钱鸣高,朱德仁,王作棠. 老顶岩层断裂形式及对工作面来压的影响[J]. 中国矿业学院学报,1986(2):12-21.

[67] 钱鸣高,缪协兴,何富连. 采场"砌体梁"结构的关键块分析[J]. 煤炭学报,1994(6):557-563.

[68] 钱鸣高,张顶立,黎良杰,等. 砌体梁的"S-R"稳定及其应用[J]. 矿山压力与顶板管理,1994(3):6-11,80.

[69] 宋振骐,刘义学,陈孟伯,等. 岩梁裂断前后的支承压力显现及其应用的探讨[J]. 山东矿业学院学报,1984(1):27-39.

[70] 宋振骐,邓铁六,宋扬,等. 采场矿山压力和顶板运动的预测预报[J]. 煤矿安全,1988(5):42-43.

[71] 宋振骐. 实用矿山压力控制[M]. 徐州:中国矿业大学出版社,1998.

[72] 李学华,张农,侯朝炯. 综采放顶煤面沿空巷道合理位置确定[J]. 中国矿业大学学报,2000(2):186-189.

[73] 侯朝炯,李学华. 综放沿空掘巷围岩大、小结构的稳定性原理[J]. 煤炭学报,2001(1):1-7.

[74] 天地科技股份有限公司开采设计事业部采矿技术研究所. 综采放顶煤技术理论与实践的创新发展:综放开采30周年科技论文集[M]. 北京:煤炭工业出版社,2012.

[75] 朱德仁,钱鸣高. 长壁工作面老顶破断的计算机模拟[J]. 中国矿业学院学报,1987(3):4-12.

[76] 柏建彪,侯朝炯. 深部巷道围岩控制原理与应用研究[J]. 中国矿业大学学报,2006(2):145-148.

[77] 王卫军,冯涛,侯朝炯,等. 沿空掘巷实体煤帮应力分布与围岩损伤关系分析[J]. 岩石力学与工程学报,2002(11):1590-1598.

[78] 王卫军,黄成光,侯朝炯,等. 综放沿空掘巷底臌的受力变形分析[J]. 煤炭学报,2002(1):26-30.

[79] 何廷峻. 工作面端头悬顶在沿空巷道中破断位置的预测[J]. 煤炭学报,2000(1):30-33.

[80] 张东升,缪协兴,茅献彪. 综放沿空留巷顶板活动规律的模拟分析[J]. 中国矿业大学学报,2001(3):47-50.

[81] 张东升,茅献彪,马文顶. 综放沿空留巷围岩变形特征的试验研究[J]. 岩石力学与工程学报,2002(3):331-334.

[82] 张东升,缪协兴,冯光明,等. 综放沿空留巷充填体稳定性控制[J]. 中国矿业大学学报,2003(3):23-26.

[83] 孟金锁. 综放开采沿空掘巷分析[J]. 煤炭科学技术,1998(11):25-27.

[84] 孟金锁. 综放开采"原位"沿空掘巷探讨[J]. 岩石力学与工程学报,1999(2):87-90.

[85] MEDHURST T P, BROWN E T. A Study of the Mechanical Behaviour of Coal for Pillar Design[J]. International Journal of Rock Mechanics and Mining Sciences, 1998, 35(8): 1087-1105.

[86] ESTERHUIZEN G S, DOLINAR D R, ELLENBERGER J L. Pillar strength in underground stone mines in the United States[J]. International Journal of Rock Mechanics and Mining Sciences, 2011, 48: 42-50.

[87] Gao W. Study on the width of the non-elastic zone in inclined coal pillar for strip mining[J]. International Journal of Rock Mechanics and Mining Sciences, 2014, 72: 304-310.

[88] 申梁昌,双海清,王红胜. 基本顶影响综放沿空掘巷稳定性关键因素分析[J]. 煤炭技术,2018,37(10):8-10.

[89] 赵景礼,常中保,田筱剑,等. 错层位采煤法非常规区段煤柱稳定性理论研究[J]. 矿业科学学报,2018,3(1):55-60.

[90] GHASEMI E, ATAEI M, SHAHRIAN K. An intelligent approach to predict pillar size in designing room and pillar coal mines[J]. International Journal of Rock Mechanics and Mining Sciences, 2014, 65: 86-95.

[91] SHUNMAN C, AIXIANG W, YIMING W, et al. Study on repair control technology of soft surrounding rock roadway and its application[J]. Engineering Failure Analysis, 2018, 92: 443-455.

[92] CHEN S J, WANG H L, WANG H Y, et al. Strip Coal Pillar Design Based on Estimated Surface Subsidence in Eastern China[J]. Rock Mechanics and Rock Engineering, 2016, 49: 3829-3838.

[93] 张广超,何富连. 大断面综放沿空巷道煤柱合理宽度与围岩控制[J]. 岩土力学,2016,37(6):1721-1728,1736.

[94] 张炜,张东升,陈建本,等. 孤岛工作面窄煤柱沿空掘巷围岩变形控制[J]. 中国矿业大学学报,2014,43(1):36-42,55.

[95] 郭力群,彭兴黔,蔡奇鹏. 基于统一强度理论的条带煤柱设计[J]. 煤炭学报,2013,38(9):1563-1567.

[96] 屠洪盛,屠世浩,白庆升,等. 急倾斜煤层工作面区段煤柱失稳机理及合理尺寸[J]. 中国矿业大学学报,2013,42(1):6-11,30.

[97] 李顺才,柏建彪,董正筑. 综放沿空掘巷窄煤柱受力变形与应力分析[J]. 矿山压力与顶板管理,2004(3):17-19,118.

[98] 李东升,李德海,宋常胜. 条带煤柱设计中极限平衡理论的修正应用[J]. 辽宁工程技术大学学报,2003(1):7-9.

[99] JAISWAL A, SHRIVASTVA B K. Numerical simulation of coal pillar strength[J]. International Journal of Rock Mechanics and Mining Sciences, 2009, 46: 779-788.

[100] GAO W, GE M M. Stability of a coal pillar for strip mining based on an elastic-plastic analysis[J]. International Journal of Rock Mechanics and Mining Sciences, 2016, 87: 23-28.

[101] 吴绍倩. 关于沿空巷道合理掘进时间的探讨[J]. 煤炭科学技术,1979(1):40-44.

[102] 吴绍倩,刘听成. 沿空巷道的应用及其维护[J]. 煤矿设计,1981(3):2-7.

[103] 柏建彪,侯朝炯,黄汉富. 沿空掘巷窄煤柱稳定性数值模拟研究[J]. 岩石力学与工程学报,2004,(20):3475-3479.

[104] 柏建彪,王卫军,侯朝炯,等. 综放沿空掘巷围岩控制机制及支护技术研究[J]. 煤炭学报,2000,(5):478-481.

[105] 刘金海,姜福兴,王乃国,等. 深井特厚煤层综放工作面支承压力分布特征的实测研究[J]. 煤炭学报,2011,36(S1):18-22.

[106] 王卫军,侯朝炯,柏建彪,等. 综放沿空巷道顶煤受力变形分析[J]. 岩土工程学报,2001(2):209-211.

[107] 王红胜,李树刚,张新志,等．沿空巷道基本顶断裂结构影响窄煤柱稳定性分析[J]．煤炭科学技术,2014,42(2):19-22.

[108] 荆升国,谢文兵,赵晨光．孤岛综放工作面沿空掘巷围岩变形因素研究[J]．煤炭科学技术,2007,(5):68-72.

[109] 涂敏．沿空留巷顶板运动与巷旁支护阻力研究[J]．辽宁工程技术大学学报(自然科学版),1999(4):347-351.

[110] 肖亚宁,马占国,赵国贞,等．沿空巷道三维锚索支护围岩变形规律研究[J]．采矿与安全工程学报,2011,28(2):187-192.

[111] 赵国贞,马占国,马继刚,等．复杂条件下小煤柱动压巷道变形控制研究[J]．中国煤炭,2011,37(3):52-56.

[112] 赵国贞,马占国,孙凯,等．小煤柱沿空掘巷围岩变形控制机理研究[J]．采矿与安全工程学报,2010,27(4):517-521.

[113] 杨永杰,谭云亮．回采巷道采动影响变形量与护巷煤柱宽度之间关系的研究[J]．江苏煤炭,1995(3):9-10,16.

[114] 杨永杰,谭云亮．受采动影响回采巷道围岩变形与护巷煤柱宽度之间的关系[J]．煤矿现代化,1995(2):2-3.

[115] 黄炳香,赵兴龙,陈树亮,等．坚硬顶板水压致裂控制理论与成套技术[J]．岩石力学与工程学报,2017,36(12):2954-2970.

[116] 左建平,孙运江,刘文岗,等．浅埋大采高工作面顶板初次断裂爆破机理与力学分析[J]．煤炭学报,2016,41(9):2165-2172.

[117] 黄炳香,陈树亮,程庆迎．煤层压裂开采与治理区域瓦斯的基本问题[J]．煤炭学报,2016,41(1):128-137.

[118] HUANG B X, WANG Y Z, CAO S G. Cavability control by hydraulic fracturing for top coal caving in hard thick coal seams[J]. International Journal of Rock Mechanics and Mining Sciences, 2015, 74: 45-57.

[119] HUANG B X, CHENG Q Y, ZHAO X L, et al. Using hydraulic fracturing to control caving of the hanging roof during the initial mining stages in a longwall coal mine: a case study[J]. Arabian Journal of Geosciences, 2018, 11: 603-618.

[120] 刘健,刘泽功,高魁,等．深孔定向聚能爆破增透机制模拟试验研究及现场应用[J]．岩石力学与工程学报,2014,33(12):2490-2496.

[121] 于斌,刘长友,刘锦荣.大同矿区特厚煤层综放回采巷道强矿压显现机制及控制技术[J]．岩石力学与工程学报,2014,33(9):1863-1872.

[122] 祁和刚,于健浩．深部高应力区段煤柱留设合理性及综合卸荷技术[J]．煤炭学报,2018,43(12):3257-3264.

[123] ZUO J P, LI Z D, ZHAO S K, et al. A study of fractal deep-hole blasting and its induced stress behavior of hard roof strata in Bayangaole coal mine, China[J]. Advances in Civil Engineering, 2019, 34(6): 678-692.

[124] WANG G F, GONG S Y, DOU L M, et al. Rockburst mechanism and control in coal seam with both syncline and hard strata[J]. Safety Science, 2019, 115: 320-328.

[125] 刘健,刘泽功,高魁,等．深孔爆破在综放开采坚硬顶煤预先弱化和瓦斯抽采中的应用[J]．岩石力学与工程学报,2014,33(S1):3361-3367.

[126] 张杰．浅埋煤层顶板深孔预爆强制初放研究[J]．采矿与安全工程学报,2012,29(3):339-343.

[127] 欧阳振华,齐庆新,张寅,等. 水压致裂预防冲击地压的机制与试验[J]. 煤炭学报,2011,36(S2):321-325.

[128] HUANG B X, LIU J W, ZHANG Q. The reasonable breaking location of overhanging hard roof for directional hydraulic fracturing to control strong strata behaviors of gob-side entry[J]. International Journal of Rock Mechanics and Mining Sciences, 2018, 103: 1-11.

[129] YE Q, JIA Z Z, ZHENG C S. Study on hydraulic-controlled blasting technology for pressure relief and permeability improvement in a deep hole[J]. Journal of Petroleum Science and Engineering, 2017, 159: 433-442.

[130] SAINOKI A. Study on the efficiency of destress blasting in deep mine drift development[J]. Canadian Geotechnical Journal, 2017, 54(4): 518-528.

[131] 陈士海,魏海霞,薛爱芝. 坚硬岩石巷道中深孔掏槽爆破试验研究[J]. 岩石力学与工程学报,2007(S1):3498-3502.

[132] 赵鹏翔,李刚,李树刚,等. 倾斜厚煤层沿空掘巷煤柱力学特征的尺寸效应分析[J]. 采矿与安全工程学报,2019,36(6):1120-1127.

[133] LIU J W, LIU C Y, LI X H. Determination of fracture location of double-sided directional fracturing pressure relief for hard roof of large upper goaf-side coal pillars[J]. Energy Exploration & Exploitation, 2020, 38(1): 111-136.

[134] LI Z H, TAO Z G, MENG Z G, et al. Longwall mining method with roof-cutting unloading and numerical investigation of Ground pressure and roof stability[J]. Arabian Journal of Geosciences, 2018, 11(22): 697-709.

[135] KONICEK P, SOUCEK K, STAS L, et al. Long-hole destress blasting for rockburst control during deep underground coal mining[J]. International Journal of Rock Mechanics and Mining Sciences, 2013, 61: 141-153.

[136] 戴荣贵. 杜儿坪矿十五尺煤层坚硬顶板垮落规律和矿山压力的初步分析[J]. 煤炭学报,1965,(4):40-50.

[137] 朱德仁,钱鸣高,徐林生. 坚硬顶板来压控制的探讨[J]. 煤炭学报,1991(2):11-20.

[138] SAIANG D, NORDLUND E. Numerical analyses of the influence of blast-induced damaged rock around shallow tunnels in brittle rock[J]. Rock Mechanics and Rock Engineering, 2009, 42(3): 421-448.

[139] 康红普,冯彦军. 煤矿井下水力压裂技术及在围岩控制中的应用[J]. 煤炭科学技术,2017,45(1):1-9.

[140] 赵一鸣,张农,郑西贵,等. 千米深井厚硬顶板直覆沿空留巷围岩结构优化[J]. 采矿与安全工程学报,2015,32(5):714-720.

[141] 王殿录,周金城,周微,等. 深孔卸压爆破技术改善煤巷支护的试验研究[J]. 煤炭工程,2006,(4):50-52.

[142] YANG X J, HU C W, HE M C, et al. Study on presplitting blasting the roof strata of adjacent roadway to control roadway deformation[J]. Shock and Vibration, 2019, 12(5): 1267-1279.

[143] 欧阳振华. 多级爆破卸压技术防治冲击地压机制及其应用[J]. 煤炭科学技术,2014,42(10):32-36,74.

[144] 黄炳香,马剑,孙天元. 顶板定向水力致裂控制迎采动压巷道大变形[J]. 中国科技论文在线,2015,1:1-14.

[145] HUANG B X, CHEN S L, ZHAO X L. Hydraulic fracturing stress transfer methods to control the strong strata behaviours in gob-side gateroads of longwall mines[J]. Arabian Journal of Geosciences, 2017,

10: 236-249.

[146] 蒋力帅．工程岩体劣化与大采高沿空巷道围岩控制原理研究[D]．北京:中国矿业大学(北京),2016.

[147] GONG P, MA Z G, Ni X Y. Floor Heave Mechanism of Gob-Side Entry Retaining with Fully-Mechanized Backfilling Mining[J]. Energies, 2017, 11: 1-12.

[148] JAISWAL A, SHARMA S K, SHRIVASTVA B K. Numerical modeling study of asymmetry in the induced stresses over coal mine pillars with advancement of the goaf line[J]. International Journal of Rock Mechanics and Mining Sciences, 2004, 41(5): 859-864.

[149] ZHANG S, WANG X F, FAN G W, et al. Pillar size optimization design of isolated island panel gob-side entry driving in deep inclined coal seam-case study of Pingmei No. 6 coal seam[J]. Journal of Geophysics and Engineering, 2018, 15(3): 816-828.

[150] 钱鸣高,缪协兴,许家林．岩层控制中的关键层理论研究[J]．煤炭学报,1996(3):2-7.

[151] 钱鸣高,茅献彪,缪协兴．采场覆岩中关键层上载荷的变化规律[J]．煤炭学报,1998(2):25-29.

[152] 茅献彪,缪协兴,钱鸣高．采动覆岩中关键层的破断规律研究[J]．中国矿业大学学报,1998(1):41-44.

[153] 钱鸣高,缪协兴,许家林,等．岩层控制的关键层理论[M]．徐州:中国矿业大学出版社,2003.

[154] 谢广祥,杨科．采场围岩宏观应力壳演化特征[J]．岩石力学与工程学报,2010,29(S1):2676-2680.

[155] 郭金刚,王伟光,何富连,等．大断面综放沿空巷道基本顶破断结构与围岩稳定性分析[J]．采矿与安全工程学报,2019,36(3):446-454,464.

[156] 张川,文志杰,胡善超．采场顶板控制理论在沿空留巷中的应用[J]．煤矿安全,2011,42(4):119-122.

[157] KUMAR A, KUMAR R, SINGH A K, et al. Numerical modelling-based pillar strength estimation for an increased height of extraction[J]. Arabian Journal of Geosciences, 2017, 10(18): 411-425.

[158] 方新秋,许瑞强,赵俊杰．采空侧综放工作面三角煤失稳机理及控制研究[J]．中国矿业大学学报,2011,40(5):678-683.

[159] YAN S, BAI J B, WANG X Y, et al. An innovative approach for gateroad layout in highly gassy longwall top coal caving[J]. International Journal of Rock Mechanics and Mining Sciences, 2013, 59: 33-41.

[160] QIAN D Y, ZHANG N, SHIMADA H, et al. Stability of goaf-side entry driving in 800-m-deep island longwall coal face in underground coal mine[J]. Arabian Journal of Geosciences, 2016, 9: 82-90.

[161] 王红胜,张东升,李树刚,等．基于基本顶关键岩块B断裂线位置的窄煤柱合理宽度的确定[J]．采矿与安全工程学报,2014,31(1):10-16.

[162] CHEN Y, MA S Q, YANG Y G, et al. Application of Shallow-Hole Blasting in Improving the Stability of Gob-Side Retaining Entry in Deep Mines: A Case Study[J]. Energies, 2019, 12(19): 3623-3640.

[163] 孔德中,王兆会,李小萌,等．大采高综放面区段煤柱合理留设研究[J]．岩土力学,2014,35(S2):460-466.

[164] 王猛,柏建彪,王襄禹,等．深部倾斜煤层沿空掘巷上覆结构稳定与控制研究[J]．采矿与安全工程学报,2015,32(3):426-432.

[165] 唐芙蓉,马占国,杨党委,等．厚层软岩断顶充填沿空留巷关键参数研究[J]．采矿与安全工程学报,2019,36(6):1128-1135.

[166] LI X H, JU M H, YAO Q L, et al. Numerical Investigation of the Effect of the Location of Critical

Rock Block Fracture on Crack Evolution in a Gob-side Filling Wall[J]. Rock Mechanics and Rock Engineering, 2016, 49: 1041-1058.

[167] WANG Y J, GAO Y B, WANG E Y, et al. Roof Deformation Characteristics and Preventive Techniques Using a Novel Non-Pillar Mining Method of Gob-Side Entry Retaining by Roof Cutting[J]. Energies, 2018, 11: 627-643.

[168] 张广超,何富连.大断面强采动综放煤巷顶板非对称破坏机制与控制对策[J].岩石力学与工程学报,2016,35(4):806-818.

[169] QI F Z, MA Z G. Investigation of the Roof Presplitting and Rock Mass Filling Approach on Controlling Large Deformations and Coal Bumps in Deep High-Stress Roadways[J]. Latin American Journal of Solids and Structures, 2019, 16(4): 1-24.

[170] 何满潮,陈上元,郭志飚,等.切顶卸压沿空留巷围岩结构控制及其工程应用[J].中国矿业大学学报,2017,46(5):959-969.

[171] 何满潮,马新根,牛福龙,等.中厚煤层复合顶板快速无煤柱自成巷适应性研究与应用[J].岩石力学与工程学报,2018,37(12):2641-2654.

[172] 何满潮,王亚军,杨军,等.切顶成巷工作面矿压分区特征及其影响因素分析[J].中国矿业大学学报,2018,47(6):1157-1165.

[173] 王建文,王世彬,杨军,等.切顶卸压沿空留巷顶板破坏机制及控制技术[J].煤炭科学技术,2017,45(8):80-84.

[174] MA X G, HE M C, WANG Y J, et al. Mine Strata Pressure Characteristics and Mechanisms in Gob-Side Entry Retention by Roof Cutting under Medium-Thick Coal Seam and Compound Roof Conditions [J]. Energies, 2018, 11(10): 2539-2560.

[175] MA X G, HE M C, WANG Y J, et al. Study and Application of Roof Cutting Pressure Releasing Technology in Retracement Channel Roof of Halagou 12201 Working Face[J]. Mathematical Problems in Engineering, 2018, 56(4): 1678-1690.

[176] 吴拥政.回采工作面双巷布置留巷定向水力压裂卸压机理研究及应用[D].北京:煤炭科学研究总院,2018.

[177] 马德鹏,王同旭,刘阳.综采动压区沿空掘巷“时-空”关系分析[J].采矿与安全工程学报,2015,32(3):465-470.

[178] 许兴亮,魏灏,田素川,等.综放工作面煤柱尺寸对顶板破断结构及裂隙发育的影响规律[J].煤炭学报,2015,40(4):850-855.

[179] ZHANG H W, WAN Z J, MA Z Y, et al. Stability control of narrow coal pillars in gob-side entry driving for the LTCC with unstable overlying strata: a case study[J]. Arabian Journal of Geosciences, 2018, 11(21): 665-676.

[180] MA Z G, SUN J, ZHANG R C. Mitigation of Underground Engineering Disaster[J]. Advances in Civil Engineering, 2019, 8: 76-81.

[181] CHEN S J, QU X, YIN D W, et al. Investigation lateral deformation and failure characteristics of strip coal pillar in deep mining[J]. Geomechanice and Engineering, 2018, 14(5): 421-428.

[182] 王永,朱川曲,陈淼明,等.窄煤柱沿空掘巷煤柱稳定核区理论研究[J].湖南科技大学学报(自然科学版),2010,25(4):5-8.

[183] 陈绍杰,郭惟嘉,程国强,等.深部条带煤柱蠕变支撑效应研究[J].采矿与安全工程学报,2012,29(1):48-53.

[184] WATTIMENA R K, KRAMADIBRATA S, SIDI I D, et al. Developing coal pillar stability chart using

logistic regression[J]. International Journal of Rock Mechanics and Mining Sciences, 2013, 58: 55-60.

[185] ZHANG Y, WAN Z J, LI F C, et al. Stability of coal pillar in gob-side entry driving under unstable overlying strata and its coupling support control technique[J]. International Journal of Mining Science and Technology, 2013, 23(2):193-199.

[186] MATHEY M, Van der Merwe N. Critique of the South African squat coal pillar strength formula[J]. Journal of the Southern African Institute of Mining and Metallurgy, 2016, 116(3): 291-299.

[187] MA Tianhui, WANG Long,SUORINENI F T, et al. Numerical Analysis on Failure Modes and Mechanisms of Mine Pillars under Shear Loading[J]. Shock and Vibration, 2016(1):1-14.

[188] JIANG L S, ZHANG P P, CHEN L J, et al. Numerical Approach for Goaf-Side Entry Layout and Yield Pillar Design in Fractured Ground Conditions[J]. Rock Mechanics and Rock Engineering, 2017, 50(11): 3049-3071.

[189] 祁方坤,周跃进,曹正正,等．综放沿空掘巷护巷窄煤柱留设宽度优化设计研究[J]. 采矿与安全工程学报,2016,33(3):475-480.

[190] 侯朝炯,马念杰．煤层巷道两帮煤体应力和极限平衡区的探讨[J]. 煤炭学报,1989(4):21-29.

[191] 翟新献,钱鸣高,李化敏,等．小煤矿复采煤柱塑性区特征及采准巷道支护技术[J]. 岩石力学与工程学报,2004(22):3799-3802.

[192] 王志强,王昊昊,石磊,等．高强度超长推进距离工作面双巷布置沿空掘巷机制[J]. 煤炭学报,2017,42(S2):302-310.

[193] CHENG Y M, WANG J A, XIE G X, et al. Three-dimensional analysis of coal barrier pillars in tailgate area adjacent to the fully mechanized top caving mining face[J]. International Journal of Rock Mechanics and Mining Sciences, 2010, 47: 1372-1383.

[194] 徐青云,黄庆国,张广超．综放剧烈采动影响煤巷窄煤柱破裂失稳机理与控制技术[J]. 采矿与安全工程学报,2019,36(5):941-948.

[195] 张常光,祁航,赵均海,等．倾斜煤层条带煤柱留设宽度统一解[J]. 采矿与安全工程学报,2019,36(2):248-255.

[196] 马念杰,侯朝炯．采准巷道矿压理论及应用[M]. 北京:煤炭工业出版社,1995.

[197] 曲天智．深井综放沿空巷道围岩变形演化规律及控制[D]. 徐州:中国矿业大学,2008.

[198] 王德超．千米深井综放沿空掘巷围岩变形破坏演化机理及控制研究[D]. 济南:山东大学,2015.

[199] 王德超,王洪涛,李术才,等．基于煤体强度软化特性的综放沿空掘巷巷帮受力变形分析[J]. 中国矿业大学学报,2019,48(2):295-304.

[200] 张元超,杨圣奇,陈淼,等．深井综放沿空掘巷实体煤帮变形破坏机制及控制技术[J]. 岩土力学,2017,38(4):1103-1113.

[201] CHEN M, YANG S K, ZHANG Y C, et al. Analysis of the failure mechanism and support technology for the Dongtan deep coal roadway[J]. Geomechanics and Engineering, 2016, 11(3): 401-420.

[202] YANG S Q, CHEN M, JING H W, et al. A case study on large deformation failure mechanism of deep soft rock roadway in Xin'an coal mine, China[J]. Engineering Geology, 2017, 217: 89-101.

[203] YANG S Q, TAO Y, XU P, et al. Large-scale model experiment and numerical simulation on convergence deformation of tunnel excavating in composite strata[J]. Tunnelling and Underground Space Technology, 2019, 94: 103-133.

[204] GAO F, STEAD D, KANG H. Simulation of roof shear failure in coal mine roadways using an innovative UDEC Trigon approach[J]. Computers and Geotechnics, 2014, 61: 33-41.

[205] 高玉兵,何满潮,杨军,等. 无煤柱自成巷空区矸体垮落的切顶效应试验研究[J]. 中国矿业大学学报,2018,47(1):21-31,47.

[206] PENG S S. Longwall mining[M]. Morgantown:Peng SS Publisher, 2006.

[207] PALCHIK V. Bulking factors and extents of caved zones in weathered overburden of shallow abandoned underground workings[J]. International Journal of Rock Mechanics and Mining Sciences, 2015, 79: 227-240.

[208] YANG D W, MA Z G, QI F Z, et al. Optimization study on roof break direction of gob-side entry retaining by roof break and filling in thick-layer soft rock layer[J]. Geomechanics and Engineering, 2017, 13: 195-215.

[209] KONG D Z, JIANG W, CHEN Y, et al. Study of roof stability of the end of working face in upward longwall top coal[J]. Arabian Journal of Geosciences, 2017, 10: 185-194.

[210] 张广超. 综放松软窄煤柱沿空巷道顶板不对称破坏机制与调控系统[D]. 北京:中国矿业大学(北京),2017.

[211] 王朋飞. 非充分采动采空区与煤岩体采动应力协同演化机理[D]. 北京:中国矿业大学(北京),2017.

[212] 王朋飞,赵景礼,王志强,等. 非充分采动采空区与煤岩柱(体)耦合作用机制及应用[J]. 岩石力学与工程学报,2017,36(5):1185-1200.

[213] SHABANIMASHCOOL M, Li C C. Numerical modelling of longwall mining and stability analysis of the gates in a coal mine[J]. International Journal of Rock Mechanics and Mining Sciences, 2012, 51: 24-34.

[214] WHITTLES D N, LOWNDES I S, KINGMAN S W, et al. Influence of geotechnical factors on gas flow experienced in a UK longwall coal mine panel[J]. International Journal of Rock Mechanics and Mining Sciences, 2006, 43: 369-387.

[215] 王朋飞,冯国瑞,赵景礼,等. 长壁工作面巷顶沿空掘巷围岩应力分析[J]. 岩土力学,2018,39(9):3395-3405.

[216] ZHANG Z Z, BAI J B, CHEN Y, et al. An innovative approach for gob-side entry retaining in highly gassy fully-mechanized longwall top-coal caving[J]. International Journal of Rock Mechanics and Mining Sciences, 2015, 80: 1-11.

[217] SALAMON M. Mechanism of caving in longwall coal mining[C]// Colorado. Rock mechanics contributions and challenges, Proceedings of the 31st US symposium on rock mechanics, 1990.

[218] LI W F, BAI J B, PENG S S, et al. Numerical Modeling for Yield Pillar Design: A Case Study[J]. Rock Mechanics and Rock Engineering, 2015, 48: 305-318.

[219] WANG M, BAI J B, LI W F, et al. Failure mechanism and control of deep gob-side entry[J]. Arabian Journal of Geosciences, 2015, 8: 9117-9131.

[220] ZHANG G C, HE F L, JIA H G, et al. Analysis of Gateroad Stability in Relation to Yield Pillar Size: A Case Study[J]. Rock Mechanics and Rock Engineering, 2017,50: 1263-1278.

[221] 王朋飞,冯国瑞,赵景礼,等. 长壁工作面巷顶沿空掘巷围岩应力分析[J]. 岩土力学,2018(9):1-11.

[222] YAVUZ H. An estimation method for cover pressure re-establishment distance and pressure distribution in the goaf of longwall coal mines[J]. International Journal of Rock Mechanics and Mining Sciences, 2004, 41: 193-205.

[223] SHEN W L, BAI J B, LI W F, et al. Prediction of relative displacement for entry roof with weak plane

under the effect of mining abutment stress[J]. Tunnelling and Underground Space Technology, 2018, 71: 309-317.

[224] ZHANG G C, LIANG S J, TAN Y L, et al. Numerical modeling for longwall pillar design: a case study from a typical longwall panel in China[J]. Journal of Geophysics and Engineering, 2018, 15(1): 121-134.

[225] GAO Y B, WANG Y J, YANG J, et al. Meso-and-macroeffects of roof split blasting on the stability of gateroad surroundings in an innovative nonpillar mining method[J]. Tunnelling and Underground Space Technology, 2019, 90: 99-118.

[226] FENG G R, WANG P F, YOGINDER P. Stability of Gate Roads Next to an Irregular Yield Pillar: A Case Study[J]. Rock Mechanics and Rock Engineering, 2019, 52: 2741-2760.

[227] 王朋飞,冯国瑞,赵景礼,等. 长壁采空区对采动煤岩应力分布规律的影响研究[J]. 岩土工程学报,2018,40(7):1237-1246.

[228] 谢和平,彭瑞东,鞠杨,等. 岩石破坏的能量分析初探[J]. 岩石力学与工程学报,2005(15):2603-2608.

[229] 张志镇,高峰. 单轴压缩下岩石能量演化的非线性特性研究[J]. 岩石力学与工程学报,2012,31(6):1198-1207.

[230] 张志镇,高峰. 受载岩石能量演化的围压效应研究[J]. 岩石力学与工程学报,2015,34(1):1-11.

[231] MENG Q B, ZHANG M W, HAN L J, et al. Effects of Acoustic Emission and Energy Evolution of Rock Specimens Under the Uniaxial Cyclic Loading and Unloading Compression[J]. Rock Mechanics and Rock Engineering, 2016, 49: 3873-3886.

[232] CHEN W, KONIETZKY H, TAN X, et al. Pre-failure damage analysis for brittle rocks under triaxial compression[J]. Computers and Geotechnics, 2016, 74: 45-55.

[233] 彭瑞东,鞠杨,高峰,等. 三轴循环加卸载下煤岩损伤的能量机制分析[J]. 煤炭学报,2014,39(2):245-252.

[234] LEE S M, PARK B S, LEE S W. Analysis of rockbursts that have occurred in a waterway tunnel in Korea[J]. International Journal of Rock Mechanics and Mining Sciences, 2004, 41:911-916.

[235] SONG D Z, WANG E Y, XU J K, et al. Numerical simulation of pressure relief in hard coal seam by water jet cutting[J]. Geomechanics and Engineering, 2015, 8: 495-510.

[236] 滕腾,高峰,张志镇,等. 含瓦斯原煤三轴压缩变形时的能量演化分析[J]. 中国矿业大学学报,2016,45(4):663-669.

[237] 谢和平,鞠杨,黎立云,等. 岩体变形破坏过程的能量机制[J]. 岩石力学与工程学报,2008(9):1729-1740.

[238] JIANG Q, FENG X T, XIANG T B, et al. Rockburst characteristics and numerical simulation based on a new energy index: a case study of a tunnel at 2 500 m depth[J]. Bulletin of Engineering Geology and the Environment, 2010, 69: 381-388.

[239] 王德超,李术才,王琦. 深部厚煤层综放沿空掘巷煤柱合理宽度试验研究[J]. 岩石力学与工程学报,2014,33(3):539-548.

[240] 王炯,朱道勇,宫伟力. 切顶卸压自动成巷岩层运动规律物理模拟试验[J]. 岩石力学与工程学报,2018,37(11):2536-2547.

[241] HUANG F, ZHU H H, XU Q. The effect of weak interlayer on the failure pattern of rock mass around tunnel-scaled model tests and numerical analysis[J]. Tunnelling and Underground Space Technology, 2013, 35: 207-218.

[242] GHABRAIE B, REN G, ZHANG X Y, et al. Physical modelling of subsidence from sequential extraction of partially overlapping longwall panels and study of substrata movement characteristics[J]. International Journal of Coal Geology, 2015, 140: 71-83.

[243] LI S C, WANG Q, WANG H T, et al. Model test study on surrounding rock deformation and failure mechanisms of deep roadways with thick top coal[J]. Tunnelling and Underground Space Technology, 2015, 47: 52-63.

[244] KANG H P, LOU J F, GAO F Q, et al. A physical and numerical investigation of sudden massive roof collapse during longwall coal retreat mining[J]. International Journal of Coal Geology, 2018, 188: 25-36.

[245] 顾大钊. 相似材料和相似模型[M]. 徐州:中国矿业大学出版社,1995.

[246] 张平松,刘盛东,舒玉峰. 煤层开采覆岩破坏发育规律动态测试分析[J]. 煤炭学报,2011,36(2):217-222.

[247] 张平松,刘盛东,吴荣新,等. 采煤面覆岩变形与破坏立体电法动态测试[J]. 岩石力学与工程学报,2009,28(9):1870-1875.